エコシフト

チャーミングに世界を変える方法

マエキタミヤコ

講談社現代新書

1868

まえがき

一九九二年、リオデジャネイロ――。

初めて開かれた地球サミットの閉会式で、並み居る各国代表のリーダーたちを前に、わずか十二歳の女の子がスピーチをしました。女の子の名前はセヴァン・スズキ。子どもNGOの一員として参加していたところ、なんと閉会式の前日になって突然スピーチを頼まれたのです。徹夜で必死に準備をしました。

「どうやって直すのかわからないものを、壊しつづけるのはもうやめてください」

とてもシンプルな彼女のメッセージは、その場にいた者だけでなく、世界中を駆けめぐって、ひとりひとりの生活者や政治的なリーダーの心を動かしました。十二歳の女の子の言葉が、世界の「エコシフト」の歯車をグイッと回したのです。

エコシフトとは、エコにシフトすること。経済を環境経済に転換させることです。もちろん、以前からエコシフトを進めていた人はいました。でも九〇年代以後、それはだんだん大きなうねりになって、世界中をおだやかに包むようになりました。

いま、自然環境が大切である、ということに反対する人はまずいません。そして、大量生産・大量消費の経済をこのまま続けていったら、生態系はめちゃくちゃになってしまうだろうな、というかすかな予感も共有されていると思います。

ただし、そう考えていることと、環境を守るために積極的にアクションを起こすことのあいだには、まだ飛び越えなければならない深い溝があるようにも感じます。たしかに自然は大切だけど、自分ひとりが何かしたところで、大きな地球の規模からしたら、結局たかが知れているんじゃないか？　だったら自分だけがんばることないや。そういうあきらめに似た感情です。個人と地球との距離感の問題、といってもいいかもしれません。

くわえて、環境にまつわる話には、どことなく説教くさくて、禁欲的で、統制的なイメージがついてまわります。たとえ、話の内容は正しくても（あるいは正しすぎるからこそ）、その伝え方、表現によっては反発を覚えてしまう人がいるのは事実でしょう。テスト前に「勉強しなさい」と親に注意されて、「いましようと思っていたのにー」と反射的にふてくされたことを思い出していただけたら、わかりやすいと思います。

でも、こうしたあきらめや反発は、社会全体で考えてみるととても不幸なことです。だって、自然は大切、という根っこの部分では、程度に差こそあれみんな同じ気持ちなのですから。

それからもうひとつ厄介なこととして、企業がお金を儲けようと思えば環境は守れず、環境を守ろうと思えばお金は儲からない、という思いこみもあります。ひと言でいうと、経済と環境は両立不可能、という既成概念です。近年、経済と環境を両立させた成功例がずいぶん現れてはいるのですが、この既成概念もまだ根強いものがあります。

もともと私は広告の仕事を生業にしています。広告というのは、不特定多数のマスとのコミュニケーションです。いかにわかりやすい、魅力的な表現を作れば、ある商品やものごとを伝えられるかを考えてきました。

そんな私が、ひょんなことから自然保護NGOと出会って十数年。知らず知らずのうちに、みんなを巻き込み、みんなに巻き込まれて、エコシフトを普及・推進するようになりました。やってみると、エコって単純に楽しい。ただ、あきらめだったり反発だったり既成概念だったりが幅をきかせているなかで、みんなに勧めるにはやっぱり伝える工夫が必要です。じゃあ、どうやって？

この本は、いまもエコシフト中の私の体験と、私が見聞きした世界を包む新しいエコの形を紹介するためにまとめました。それでは、あなたも、レッツ・エコシフト！

目　次

（編集：菅付雅信）

第1章　世界はこうしてエコシフトし始めた

世界はこのままでは続いていかない

いま世界のあちこちで、エコシフトの波が起こっています。世界はなぜ、そしてどのようにエコシフトへ向かっていったのか。この章では、時系列をざっと追いかけてみることにしましょう。

一九六二年、米国の文学的才能を併せ持った女性科学者レイチェル・カーソンが、農薬の功罪を告発する本『沈黙の春』を出版し、大ベストセラーになりました。この本により、人間が作り出した便利な文明の利器である「農薬」や「化学物質」の、もうひとつの暗い側面が明らかにされました。日本ではちょうど光化学スモッグやイタイイタイ病が話題になっていた頃のことです。一九六九年には日本初の公害白書が編纂されています。

『沈黙の春』の刊行から十年後の一九七二年、良心的な企業人の集まりであるローマクラブが『成長の限界』を発表しました。これは、複雑な事象を総合的に論じ解決法を導き出すシステム思考の研究者デニス・メドウズとドネラ・メドウズに、環境問題の分析を依頼したものです。導き出されたのは、「世界はこのままでは続いていかない」という衝撃的な結果でした。

同じ年、ストックホルムで「国連人間環境会議」が開催されました。これは「環境」という言葉が冠になった初めての国連の会議でしたが、それは地球のあちこちでたくさんの注意信号が点滅し始めたことの表れだったと言えそうです。

二十一世紀の大テーマ

さらにその十年後、一九八二年に開催された国連ナイロビ会議では、日本が環境問題の研究を提案し、一九八四年にブルントラント委員会（世界賢人会議）が発足、研究を始めました。その成果を三年後にまとめて発表した報告書が、『アワ・コモン・フューチャー（Our Common Future）』（邦題『地球の未来を守るために』）です。

そこには、「このままでは地球の生態系は崩壊してしまう」「私たち人類は絶滅してしまう」「人間社会のいわゆる〝成長〟とやらを見直さなければいけない」という内容が書かれていました。

この『アワ・コモン・フューチャー』で初めて広く知られることとなった言葉が、「サステナブル・ディベロップメント（Sustainable Development：持続可能な発展）」でした。「サステナブル（sustainable）」は持続可能と訳されます。sustain（保つ）という動詞にable（～できる）がついて「持続可能」。日本人にとってはちょっとわかりにくい、なかなか実感を持ちにくい英単語ですが、「人類がこの地球上で生き続けられること」という意味です。

環境のためによいことを「地球にやさしい」と表現したり、逆に環境によくないことは「地球がダメになってしまう」と言ったりしますが、これは大きな誤解のもとです。環境が悪化した場合、ダメージを受けるのは地球ではなく人間のほう。人間を含んだ生態系がダメになるのです。こうした誤解は、「生態系」のことを「地球環境」と言い換え、それを省略して「地球」と言ってしまっていることから生じているのかもしれません。

環境ニュースを世界に発信しているNGO「ジャパン・フォー・サステナビリティ」の代表・枝廣淳子さんから、「持続可能」という言葉をわかってもらうコツを聞きました。講演会で、わからないという顔をしているおばあちゃんやおじいちゃんたちがはっとするのは、「この世の中は、いまは持続可能じゃないんです」という一言なのだそうです。みんなまだまだこの世の中は、このまま続いていくんじゃないか、と思っていることがわかります。

「人類存亡の危機」というかわりに「持続可能」という言葉を使うのは、「そりゃ、この世の中はこのままじゃ続いていかない。だけど、それをそのままストレートに伝えちゃったら自分に不利になりそう」というこの時代全体の迷いがあるのでしょうか。

人間は、自分がやってきたことを否定されるのは嫌いです。自分が責任をとらされたり、罰せられたり、名誉を失うのは、誰だって避けようとします。でも、だからといって

「このままではまずい」ということを先送りすると、もっともっとまずくなってしまいます。もう先送りできない限界まで来ています。

人間社会がいますぐ全精力をかけて取り組んだとしても、自然環境が修復されるのはずっと先のことです。みんなの気が進まない心理もわかるのですが、いま始めなければ本当に手遅れになります。待ったは利きません。

「サステナブルな世の中」の実現は、世界中の国々の第一関心事です。

しょせんは開発?

サステナブル・ディベロップメントの「ディベロップメント(development)」のほうは、発展する、開発する、という意味の動詞「ディベロップ(develop)」の名詞形です。

ディベロップは、先進国(developed country：直訳すると「発展した国」)、発展途上国(developing country：直訳すると「発展しつつある国」)という表現に使われるので、ディベロップメントのことを「工業的発展の度合いの差」と捉える人が多くいます。だから、サステナブル・ディベロップメントといったとき、サステナブルな開発、工業的発展と捉える人が多いのですが、そうではありません。

特に日本では「開発」というと、鉱山やダム開発などのように、山を切り崩したり海を埋め立てたりする大型土木事業のイメージが強いのか、「サステナブル・ディベロップメント」はよく誤解されます。「サステナブルといったって、しょせんは開発なんだよね」という人もいます。しかし、本来のサステナブル・ディベロップメントの意味は、工業化や大型公共土木事業の意味に囚《とら》われない「発展」であり、「人間を幸福にするための進展」なのです。

環境と貧困のつながり

世界賢人会議が編纂した『アワ・コモン・フューチャー』には、座長だったグロ・ハルレム・ブルントラントさんの、公正で共感性に富んだ人柄がよく表れていると評されます。地球環境の報告書である『アワ・コモン・フューチャー』に、先進国と発展途上国の格差をほうっておいてはいけない、という貧困解消の視点が盛り込まれたからです。

環境と貧困、この一見まったく無関係に見える事象は、じつは深く関係しています。両方の根が「先進国の住民の情報不足に端を発する持続不可能な経済構造」にあるからです。

たとえば、それが有害だと知らずに有害物質を川に流せば、流域の生態系は破壊されてしまいます。同じように、それが貧困を生み出す商品だと知らずに買うことで、子どもが学校にも行けず、朝から晩まで低賃金で働かされているような劣悪な工場が増え、そこに持続不可能な貿易構造が生まれ、貧困と呼ばれる状態が現れます。極端な言い方をすれば、持続不可能な経済が自然資源に触れたときに環境の悪化が発生し、それが人的資源に触れたときに貧困が発生するのです。

環境破壊のしくみほど、貧困のしくみは知られていないので、大雑把に説明しておきましょう。貧困の特徴は病院と学校が少ないことです。あるいは、たとえあったとしても医療費と学費が高い。学費が高い結果として、女の子が学校に行かせてもらえなくなり、お母さんの識字率が下がり、乳幼児の死亡率が上がり、不本意な妊娠と出産が増え、人口増加率が上がる。医療費が高い結果として、病気が広がり、ささいなことで人の命が失われていく。社会に不満と絶望と憎悪が広がり、争いごとや戦争が増えていく。

子どもの命が目の前で消えようとしている人に、地球環境を守ろうと言っても、聞いてもらえるわけはありません。先進国が真剣に環境問題に取り組もうとするとき、途上国の協力は不可欠です。だから、地球環境を守るためにも、先進国が貧困の解消を最優先事項にしなくてはならないのです。

環境問題のやっかいなところは、国境を越える問題だということです。アメリカが排出したCO_2（二酸化炭素）がアメリカだけを温暖化させるのなら、環境問題というのはとっくに解決しているかもしれませんが、そうではないのです。物質的に豊かで好き放題に石油を使っている先進国も、内戦で苦しんでいる貧困国も、力を合わせて取り組まなければ、地球の生態系が崩壊してしまい、子どもたちが生き延びられる未来はやってこない、というのが二十一世紀が直面しているシビアな現実です。貧困解決に先進国も必死で取り組まなければならない理由がここにあります。

アジェンダ21と気候変動枠組条約

国連は、一九九二年にリオデジャネイロで初の地球サミットを開催しました。参加国は百八十ヵ国。世界最大の国際会議となったこの地球サミットのテーマは「サステナブル・ディベロップメント」。そして、「アジェンダ21」と「気候変動枠組条約」が採択されました。

アジェンダ21は、世界各国が共通で取り組む、やらなくてはならない二十一世紀の宿題です。みんながきれいな空気を吸えるように、みんながきれいな水を飲めるように、海が汚されないように、生物多様性が守られるように、絶滅危惧種がこれ以上絶滅しないように、などなど四十章からなります。これ以上、地球の生態系が壊れないように、各国が取り組むべきことが書かれたものです（アジェンダは予定表、実行に移すべきことがら、という意味)。

アジェンダ21は、ただサインして、後は守ればいいという約束ではありませんでした。採択した後、各国に持ち帰り、各国の事情に合わせて「ローカルアジェンダ(各地域のアジェンダ)」を作り、それに十年かけて取り組み、その成果を十年後の地球サミットに持ち寄ろう、という計画でした。

アジェンダ21とともに採択された気候変動枠組条約は、正式名称を「気候変動に関する国際連合枠組条約(United Nations Framework Convention on Climate Change)」といい、地球温暖化問題に国と国が力を合わせて取り組んでいこう、という取り決めです。地球温暖化防止条約とも呼ばれます。

大気中に、二酸化炭素(CO_2)やメタンなどの気体が増えると、太陽の熱がとどまりやすくなり、温度が上がります。これを温室効果といい、CO_2やメタンガスのことを温室効果ガスと呼んでいます。気候変動枠組条約は、締結国に対して、温室効果ガスの排出量を減らしていくこと、そのための政策措置をとること、効果を予測したり、その結果を締結国会議に報告したり、審査を受けること、途上国に資金援助や技術移転をすることを求めています。

この条約の最終意思決定機関が一九九五年にドイツで始まり、以降毎年行われている、正式名称、気候変動枠組条約締結国会議COP（Conference of Parties）という会議です。法的拘束力のある数値目標を発表した「京都議定書」は、この第三回目、いわゆるCOP3（コップスリー）で採択されました。

進まないライフスタイルの見直し

世界で一番CO_2を排出している国はアメリカですが、日本は、中国、ロシアに次いで第四位。一人あたりのCO_2排出量では、アメリカ、オーストラリア、カナダ、ロシア、ドイツ、イギリスに次いで、七番目です。先進国がこの京都議定書を達成するためには、CO_2をあまり出さないライフスタイルになること、〝低炭素社会〟（CO_2をあまり出さない社会）への移行を実現することが、必要だと言われています。

けれど先進国では、ライフスタイルの見直しはなかなか進んでいません。大きな車に乗り、大きな家に住み、冷凍食品を食べたり外食したりという環境負荷の高い生活、資源をたくさん消費してCO_2をたくさん排出する〝高炭素生活〟は、経済的成功と思われ、今なおみんなのあこがれです。それに異を唱える「ロハス層」(Lifestyles of Health and Sustainability：健康と持続可能性を重視する生活様式を実践する層）はたしかに各国で存在が確認されていますが、まだまだ多数派とは言えません。いまだに旧来の経済的な成功をめざす先進国が、途上国の自立経済の発展の足をひっぱりながら、地球環境を危機にさらしているのが実状です。

カナダのブリティッシュ・コロンビア大のウィリアム・リースとマティス・ワケナゲルが開発した、人類の営みが地球に与える負荷の指標があります。エコロジカル・フットプリント（Ecological Footprint）と呼ばれるこの指標によると、世界中の人がアメリカ人と同じレベルの生活をすると地球があと四・三個必要になるそうです。

途上国は、先進国が既得権を盾に浪費的ライフスタイルを維持しようとしているのではないか、CO_2削減と言っているが、そのしわ寄せが途上国に来て、自分たちの経済が貧しいままの状態に置かれ、ますます格差が広がるのではないか、と危惧しています。

国際的な公平性から言っても、そんなことはないですよと途上国を安心させ、その不安を融和していかなければなりません。そのためにも「貧困の解消」で先進国が成果を上げることと、自分たちのライフスタイルを見直すこと、このふたつが必須です。

「サステナブル・ディベロップメント」という言葉が一九八七年に『アワ・コモン・フューチャー』のなかで書かれ、地球サミットのテーマになっているということは、この間、地球に住む私たちはみんなでこの宿題に取り組んでいる、という意味でもあります。それは「環境経済は可能だ」ということと、「途上国の生活レベルを上げながら、先進国も低炭素で豊かな生活をする」という宣言でもありました。

伝える責任

二〇〇二年に南アフリカのヨハネスブルグで第二回地球サミットが行われることになりました。十年来の宿題であるローカルアジェンダを持ち寄るため、どれくらい取り組まれたか、みんなが調べ始めました。

環境省によれば、ローカルアジェンダを策定済みの自治体は、二〇〇二年二月末時点で四十七都道府県、百九十六市町村（政令指定都市を含む）です。ところが、「この内訳をみると、環境基本計画がローカルアジェンダを兼ねているとしている自治体が七割、環境行動計画、環境行動指針、地球環境保全計画等をローカルアジェンダとしてあげているものが二割であり、ローカルアジェンダという名称を用いている自治体は二十自治体、わずか一割しか存在しないことがわかる」（中口毅博「日本のローカルアジェンダ21とローカルアクションの現状と課題」）というのです。

名前だけの問題ではありません。アジェンダ21は、国も立場の違いも利害関係も越えて、市民と政府がともに持続可能な発展の道筋を話し合って作るものですが、地方自治体が作ることになっている環境行動計画の下にローカルアジェンダが位置づけられた例も多く、その意味や精神がきちんと伝えられたかどうか疑わしいところです。ローカルアジェンダは「政府主導」ではなく「市民と政府が一緒になって考える大きな枠組み」ですが、「市民が作る自分たちの行動指針」と勘違いした自治体もあったようです。

「ローカルアジェンダは利害の異なるセクターにまたがる共通のビジョンを描くものとして、本来は環境基本計画より上位に位置するものではないか」「日本のローカルアジェンダは、その性格、対象領域、市民参加の形態をみると、真のローカルアジェンダと呼べるものはきわめて少ないといえる」と中口毅博さんはまとめています。

いったいどこで、アジェンダ21とローカルアジェンダの精神は伝わらずに滞ってしまったのでしょうか。十年前の第一回リオデジャネイロ地球サミットまでさかのぼってみましょう。

一回目の地球サミットに当時の宮沢喜一首相は出席しませんでした。各国の首相がずらり揃ったサミットで、宮沢首相はブースの中でビデオ出演。特に先進国で首相が来なかった国はめずらしかったので、「日本の首相はどこ？　あ、箱の中ね」とからかうジャーナリストもいたとか。

かわりに出席した日本の官僚たちは、なかなかがんばったと言われていますが、アジェンダ21が日本語で出版されたのは一年後のことでした。アジェンダ21には「自国の国民に広く知らせること」という章もきちんと入っているのですが、新聞記者や環境NGOの人や省庁の人に聞いても、いまだに知らない人もいます。

大きな本屋さんに行くたびに「アジェンダ21ありますか」と聞いていますが、知っている人は、この五年間で皆無でした。調べてくれて、出版の記録を出してくれた本屋さんはありました。四十章もあるまるで聖書のようなアジェンダ21ですから、お役所言葉の翻訳本だけで広まるとは思えません。当然、手軽に読めるダイジェスト本ぐらい出ているだろうと思ったのですが、そのときは一冊も出版されていませんでした。

なぜ読みにくいアジェンダ21しか出版されていないのだろうと、地球サミットに同行取材した新聞記者に質問したことがあります。すると「公務としてはダイジェスト（消化・要約）することは許されていない」という「?」な返答。さらに聞いてみると、「何かを捨て去り、何かを抜き出し、それをクローズアップするということは自分の判断が入るので、それは官僚には許されていない、だからすべてを間違いなく翻訳する以外のことは省庁にはできない」のだそうです。

ダイジェストできなかったら、学者や役人、研究家など、よっぽどそのことに時間を割ける人しか、その事実を知ることはできません。判断する権利を持った一般の人たち（みんな忙しい）が、時間をそれほどかけずに、本質的な情報を手に入れることができなければ、民主主義が成立しているとは言えないのではないでしょうか。それが重要な問題だということや具体的な情報が知らされていなければ、どんなに良識を持った人でも正しい判断はできません。

税金を有効に使って民主主義をちゃんと動かすためにも、国際会議でみんなが締結したような、国民すべてが知っていなければならない大事な約束を、わかりやすくダイジェストして伝える責任はどこにあるのか、再度、確認したほうがよさそうです。

北欧では、アジェンダ21の大々的なキャンペーンが展開され、黒地に大きな黄色い文字で「わたしたちが未来のためにできること」と、そのダイジェストが書かれたポスターが街のあちらこちらに貼られていて、壮観だったという話を聞いたことがあります。

エコの全方向性

アジェンダ21がスタートした一九九二年は、バブルが崩壊したことに伴う景気後退の年でした。五年後の一九九七年、京都議定書が採択され、日本も二〇〇二年に批准し、このころから温暖化防止については徐々に情報が発信されるようになりました。本格的に大型広報予算がつくようになったのは二〇〇三年のことです。それまでは日本でエコというと、省エネ、節水、ごみの分別、リサイクル、というものばかりが連想されていましたが、以来、「温暖化」「CO_2削減」もそこに加わりました（こう書くと、まるで広報予算がつかないと言葉を一般的にすることができないかのようですが、そんなことはありません。公共的な情報が、本質的で、きちんとわかりやすく整理され、人々の関心をひく形になっていれば、予算の多い少ないに関係なく広がっていくものです）。

けれど日本は、アジェンダ21のキャンペーンをしていなかったため、一般の人たちがエコの全体像を把握しているとは言い難い状況です。それは誰かの無責任や怠慢というより、地球サミットとバブル経済崩壊のタイミングと行政の仕組みの古さによるコミュニケーション不足が原因と私は考えます。

エコというのは、日本での認知度が高い、ゴミの分別や節約、省エネ、温暖化防止だけではありません。

ライフスタイルの見直し、絶滅危惧種の生息地の保全、自然保護、金融取引とトービン税（貧困問題を解決するために金融取引にかける税）、輸入木材と熱帯雨林、ダイオキシン、シベリア密伐採、密輸入鉱石、遺伝子組み換え輸入食材、農薬、綿花農薬（枯れ葉剤）、輸入農産物、遠くから運ばれてくる食品は輸送に燃料を消費するためCO_2をたくさん排出しているというフードマイレージ、地元で採れた食品を食べようという地産地消、リデュース・リユース・リサイクルの3R（スリーアール）、輸入食材外食、ダム、干拓事業、リゾート開発、大規模公共事業、ODA、火力水力原子力発電、ゴミ焼却炉、ゼロウエイスト、化学物質、排気ガス、水銀、鉛、電気、水道、ガスなどほぼ生活全般にエコの課題は広がっています。

こうやって見てみると、エコは個別なジャンルというより、生活や消費や経済活動の全域に関わりのある「全方向性がある上位概念」とでも言ったほうがよさそうです。

エコシフト

社会に根強い「環境と経済が相反するもの」という感覚の根っこは、たまたま導入期にエコのPRが省エネに片寄ったことに一因があるのではないかと私はニラんでいます。たしかに省エネはエコです。そして省エネは安くつきます。けれどエコは常に「安くつく」「ディスカウントでお得」「おサイフがよろこぶ」のかというと、そうでもありません。

買い替えのコストを電気代二年分ほどで回収できる、省エネタイプの新しいエアコンや冷蔵庫もあります。でも、たとえば太陽光発電の場合、循環型エネルギーなので石油やウランを燃やしたりダムを作ったりする発電よりエコと推奨されていながら、設置価格が現在（二〇〇六年九月）のところ二百五十万円近くかかります。採算が取れるのは三十年後です。これでは個人住宅への太陽光発電パネルの設置はなかなか進みません。元が取れるか取れないか、微妙な線を感じる価格設定になっています。ハイブリッドカーもしかり。安い車ではありません。

限られた予算で省エネやライフスタイルの見直しを考えたとき、「お得」と言えば説得力があるから、最初にそこをアピールするのは合理的です。けれど、それにばかり片寄ると、エコは「安い」、だから「儲からない」、あるいは社会貢献なんだから「儲けたりしちゃいけない」という既成概念になってしまいます。それがいま、逆に苦しい足かせになっています。

しかし、経済と環境は相反する概念ではありません。現在、環境を破壊しているおもな原因は経済にありますが、その状況を変え、人類の子孫がなんとか生き延びるためには、いまの「非環境経済」を「環境経済」に転換する必要があります。この転換を「エコシフト」と言います。

エコシフトなんて実感ない、そんな強引で楽観的な夢物語に投資するわけにはいかない、そう考える人もいるでしょうが、エコシフトはもう始まっています。

一九九三年、米国の環境活動家にして環境起業家であるポール・ホーケンが『サステナビリティ革命』（原題：The Ecology of Commerce）という本を書きました。翌年、その本を読んで感銘を受けた米国インターフェイス社（世界最大規模のカーペット企業）の社長レイ・アンダーソンが、自分の会社をエコシフトし、一企業が環境に配慮しながら経済成長する可能性を証明しました。それまでさほど環境指向性が高くなかった一カーペット企業が、一冊の本を読んで思い立ったことで、ほとんど環境負荷を排出しない世界最大のレンタル・カーペット企業に変貌したのです。

また、国としてはデンマークが国をあげて温暖化防止に取り組み、十年で23％の経済成長をしながら、CO_2排出量は十年間で11％減という快挙を成し遂げています。

スウェーデンの大キャンペーン

国をあげて大キャンペーンを行った例では、ほかにスウェーデンがあります。

きっかけは、細胞学の専門家にして小児がんの医者でもあるカールヘン・リクロベールが、「こんなにがんになる子どもが多いのはおかしい。ストレスからがんになるのなら大人の患者が多いはずなのに」と思ったことでした。科学者チームを集め、徹底的に原因を究明したところ、次のような衝撃的な事実が明らかになりました。

工場から排出される有害物質や農地にまかれる農薬の悪影響で生態系に汚染が広がり、食物連鎖で人間の体内に有害物質が入り、それが遺伝子や染色体を損傷することで、子どもたちががんになったり奇形児が生まれたりする例が増えている。ゴミを燃やしたり、地中に埋めたり、海洋投棄することも環境を汚染している。熱帯雨林や原生林の過剰な伐採や、いきすぎた水源利用や、砂漠化や、二酸化炭素の過剰な排出や、フロンによるオゾン層破壊が、地球上の気候、空気、水、生物、農作物に悪影響を与えている——。

「このままでは私たちは滅びてしまう」という恐ろしい事実を一気に周知させるため、スウェーデンでは、国王、銀行、鉄道、自然保護協会（NGO）、労働組合、テレビ、ラジオ、出版業界を巻き込んだ大キャンペーン「ナチュラル・ステップ」が展開されました。このキャンペーンによって、それまで2〜3%だった環境NGO支援者が無関心層に働きかけ、その結果、環境によい買い物を心がける「グリーン・コンシューマー」が15%にも急増しました。それが社会が変わるターニングポイントであるクリティカルマス・ポイントとなって、スウェーデンのエコシフトが起こったと言われています（クリティカルマス＝「臨界質量」。社会学用語で、社会を変える力になる人の数や活動量を指す）。

このキャンペーンで配られた小冊子には、「そんなこと言われても自分だけ環境投資をしたらつぶれちゃうよ」と悲しそうな顔で愚痴る企業家が描かれていますが、その次のページには環境投資をして成功した企業の実例が挙げられています。

この冊子を「僕が環境に関わることになったきっかけ」といって私に見せてくれたの

が、スウェーデンの環境NGOの元代表で、今は日本でワンワールドという国際環境ビジネスネットワークのコンサルティングの代表をしているペオ・エクベリさんでした。

彼に「キャンペーンの成功の鍵はなに?」と聞いたところ、「大きかったのは、環境税の導入」だと言います。当初、企業はかなり抵抗したらしいのですが、たまたま財務大臣になった人物が環境税に意欲的だったため、一気に導入となったようです。

日本の人口は約一億二千万人で、スウェーデンの約九百万人からすると十三倍以上も多い(逆に国土面積はスウェーデンのほうが大きい)のだから、単純には比べられないよ、という意見もあるようですが、クリティカルマス・ポイントが13~15%というのは大きな国でも小さな国でも同じでしょう。同程度の質と訴求力のある情報であれば、たとえ人口が十三倍でも、同じように広まっていくはずです。ひとりひとりの人間が受け手になると同時に、発信者、メディアになるからです。

日本への期待

それにしても、それほど環境政策が進んだスウェーデンから、なぜペオ・エクベリさんはわざわざ日本にやってきたのでしょうか。彼の答えはこうでした。

「日本が環境先進国になれば、世界にも必ず影響します」

エクベリさんは二十歳のとき、学校でナチュラル・ステップのキャンペーンに出会い、すっかり感化され、環境NGOを立ち上げます。

同時に旅行ジャーナリストとして世界中を巡り始め、途中、福岡に十年住んでいました。福岡にいる間、ラムサール条約（湿原の水鳥の保存に関する国際条約）違反にあたる湖の人工島計画を止めようとする活動に参加しますが挫折。失意のうちに再び環境リサーチの旅として世界一周し、旅先で祖国スウェーデンを知らない人は多くても、日本を知らない人はいないということに気づきます。

人口が少なく領土が広い北欧の国がいくらエコシフトしても世界は変わらない。アメリカに次ぐ経済力を持ちながら、アメリカよりはエコの才能がある日本がエコシフトしたら、きっとアメリカも無視できないに違いない――。意を決し、今度は東京へと戻ってきました。

あるときエクベリさんは、省資源に優れた京セラの両面プリンタを日本で買おうと、スウェーデン語のカタログを京セラの本社の受付で指さし、「これをください」と言いました。ところが返事は、「この商品は北欧向けで、日本では生産していません。買う人がまだそんなにいませんから」。

彼によれば、日本の環境対応技術は優れていて、海外では環境機器が日本製ということも多く、日本を環境先進国だと思っている人も多いそうです。「技術はもうある。あとはマーケットだけ。情報発信、啓発活動だけ」とポジティブなエクベリさんは力説していました。

第2章　コピーライターもエコシフト中

既成概念を突破する

なぜそんなに環境活動や市民活動に一生懸命なの？　と聞かれることがあります。私にとって自然環境や生態系を守り、民主主義を広げ、戦争をなくしていく活動は、大人だったらあたりまえ。そのために誰もやったことのないことをやったり、見たことのないものを作ったりして、人の意識を変える活動に、ついつい夢中になってしまうだけなのですが。

そういう質問をする人の中には、単なる一般人の私、つまり偉くもなんともない私が、なぜそんな偉そうなことを言えるのか、なぜいろいろ痛い目に遭ってもへこたれないのかといぶかしがる人もいます。それは私が、「既成概念」というものは恐ろしそうに見えるけど、いったん崩してしまえばなんてことはない、しかも既成概念を突破するのはめちゃめちゃ楽しい、という体験をいっぱいしてきたからかもしれません。

四十年ちょっとの人生のなかで、既成概念が突破される瞬間をたくさん見てきました。その経験が、非力ながら「オルタナティブ（代替、もうひとつの）」な世界を引き寄せたい、と企てる原動力になっているように思います。

どんな経験をしてきたのか、恥ずかしながら少しだけ紹介させてください。

オランダのクラッカー運動

最初に既成概念の突破を体験したのは、中学生のとき親の都合で引っ越したオランダでのことです。

オランダ・アムステルダムは当時、ちょうどクラッカー運動の真っ最中でした。クラッカーというのは、都市中心部の地上げの最中の空き家に公共的な観点で住み着くこと（英語ではスクウォッターというようです）。活動していたのはおもに美術学校の学生たちです。

驚いたのは政府の対応で、連日、学生がオランダ警察と衝突し、散水される様子がテレビを賑わしていたのに、「彼らの言い分ももっともじゃないか」とオランダ議会はいきなり彼らに仮の短期居住権を認定したのです。「そんなのアリ!?」。そのときのびっくりした親の顔は忘れられません。

親としては、やんちゃで理想に燃えた学生が、日本の学生運動のように、大人に反抗し、そして挫折する、という図式を描いていたのでしょう。ところがあっさりオランダ政府が「それもいい考えだね」と譲歩して、学生たちに「光熱費は払うんだよ、それから転売先が決まったら出て行くんだよ」、というルールを作ってしまったのです。これはまさに私の人生にとって、痛快な「既成概念の突破」経験、第一号でした。

とても興味を持った私は、どんな人たちなのか会ってみたい、とオランダ人の友だちにねだって連れていってもらいました。彼らは、ここに住んでいますよ、というしるしにシマウマの半身がぺたっと貼られたユーモラスな看板を出していたので、前々から場所はわかっていました。扉を叩き、「日本から来ました。インタビューしたいんですけど」と言うと、あっさり「お入りなさい」と迎え入れてくれました。

部屋の中は、とても空き家だったとは思えないほど楽しく飾られたおしゃれな空間でした。住んでいるのは、失業中だと笑ってソーセージを炒めていた陽気な黒人男性のダンサー、楽なロングスカートをゆったりと着た髪の長い美しい女の人、そして花を手に帰ってきて、その女の人に手渡していた「哲学者」と名乗る坊主頭のハンサムで背の高い男性の三人。音楽が適度な音量で流れ、別にカップルというわけでもなく、女性も男性も一軒の家で仲良く一緒に暮らしている風景がとてもカルチャー・ショックでした。

いま思えば、どうしてそんなに親切に、自分たちのやっていること、考えていることを、たどたどしい英語しか話せない私たちに見せてくれたのか……。

ならず者という偏見をみごとにくつがえしてくれたアムステルダムのクラッカーたち。彼らの市民運動はとても楽しそうでした。散水車に水をかけられても、催涙弾を打ち込まれても、非暴力で美しくチャーミングなやり方で、冷静に主張を繰り返す。

そんな頼りなさそうなやり方が、本当に社会のルールを変えてしまったのを目の当たりにして、「そんなことはありえない」という私の偏見、既成概念は、あっという間にふっとんだのでした。

ダライ・ラマの追放事件

大学一年生のとき、大学生協の本屋に藤原新也の『メメント・モリ』が山積みされていました。それを見て中国へ貧乏旅行をしようと思い立った私は、リュックを調達し、激安チケットを新宿の裏通りにあったナンバーワントラベルで買いました。

ところが、一緒に行くはずだった女友だちが、「お母さんが〝危ないから行っちゃいけない〟って」と実に軟弱な理由で直前キャンセル。じゃあ私は一人でもっと危なくなっていいわけ、と裏切りに憤慨しながら、チケットを捨てる訳にも行かず、香港まで飛び、そこからナイトボートで広州へ。さらに四川、桂林と中国人民のつもりで電車に乗り、成都からは二日間バスにぶっ続けでゆられて、チベット自治区の首都ラサ（拉薩）に到着しました。

それは中国が初めてチベットに外国人の観光客を入れた年でした。その事実がどんな意味なのか知らないまま、のんびり街をぶらぶらしていたら、英語の上手なチベット人のおじさんが「うちにチャイを飲みにこないか」と誘ってくれました。好奇心でついていくと、家の中にはおばあさんの他に数人の男女がいて、本当にしょっぱいヤクのバター茶をごちそうしてくれました。そしてみんなが口々に言いました。

「ある日、中国軍がやってきて、ノルブリンカ宮殿という離宮にいた、みんなが尊敬するダライ・ラマを襲おうとした。わたしたちはダライ・ラマを守ろうとノルブリンカ宮殿の周りに集まった。ダライ・ラマとその一行は宮殿の裏から馬に乗って逃げなければならなかった。厳しいヒマラヤ越えで半数の人たちが亡くなった。ダライ・ラマはかろうじて生き延び、インドに着いた。なのに中国軍は、ノルブリンカ宮殿に集まった私たちのことを〝長年の搾取に業を煮やした農奴が一斉蜂起して宮殿を取り囲み、ダライ・ラマを追放した。農奴は解放された〟と発表した。あまりにもひどいデタラメだ。ダライ・ラマを追い出したのは中国人だ。しかも銃をもっていたし殺そうとしていたんじゃないか。それを守ろうとしたわたしたちのせいにするなんて……」

おばあさんは穏やかではありましたが、ひどい、許せない……と涙目になっていました。それは本当に胸を締め付けられるような出来事でした。

帰ってきてから調べて、それは一九五九年三月に起こった事件だったと知りました。たまたまチベットに行き、当事者たちの想いに揺さぶられ、訴えられることがなかったら、ずっと気づかないままだったかもしれません。そのことに驚きました。私は「現代」という時代を生きているつもりでいました。でも、チベットで出会った情報格差は、明らかに「現代」らしからぬものでした。いまどきそんな情報格差が可能なのか、とめまいがしました。

何が本当の真実か、うかうかしていられない。教科書だって、ニュースだって、結局は人間が書いている。誰の言っていることを信じるのか。どうやってそれを確かめるのか。工夫をこらさないと、下心のある人たちに利用されてしまう。

情報の送り手は、くれぐれもその情報が真実かどうか、自分で確かめなければいけない。真実でない情報を送ってしまうと、被害が拡大してしまう。また、情報の格差を逆手にとって、意のままにみんなを誘導しようとする人間がいることも知りました。

バックパッカーから就職へ

大学では二年生以降も、中国、インド、ネパール、タイ、スリランカ、マレーシア、シンガポールともっぱらアジアをぐるぐる回るバックパッカーの日々を送りました。

日本にいる間は、二村仁や伊藤正人という演劇好きな同級生たちと「ご機嫌公論」という同人誌を発行したり、近代思想史の小野修三先生の影響を受け、平和学講座を学内で開催して、告知ポスターを作って貼ってみたり、軍縮学生会（Disarmament Student League）という新しくできた部に入り、来日したアクティビストと名乗るアメリカ人の学生たちをアテンドして、あちこち連れて行ったり……。学生運動のときに活躍したといわれる大島通義先生の財政学のゼミに入ってはいましたが、財政学というよりは世の中との関わり方の姿勢を習ったような気がしています。

そんな四年間を過ごしてしまい、大学院へ行きたいな、という甘い考えも父親の「頼むから就職してくれ」というひと言に打ち砕かれ、三ヵ月はもんもんと「いったい自分は何に向いているのか」を考え続けました。食いぶちを見つけなければならないという問題と、自分とは一体何のために存在しているのかという問題にいきなり直面したのです。

思えば高校生のとき、建築家になりたい、とせっかく思ったのに、外に飛び出してチャレンジするガッツもなく、気がつけば大学四年生。あー失敗したー。それまで自分がどんな職につくのかなんて、これっぽっちも考えてこなかった。心から反省しました。ただ自分は人が見ていないものを見ているから、「伝える」というコミュニケーションの仕事ならできるかもしれない、マスコミだけ受けてみよう、と弱々しく思いました。

就職したのは、ちょうど男女雇用機会均等法が施行された年でした。運良く広告の会社に滑り込んだ私は、コピーライターやテレビＣＭプランナーとしてバブルの荒波に揉まれはじめました。表現を作る仕事は、想像をはるかに超えて刺激的で、毎日が楽しくて仕方がありませんでした。仕事で出会う人たちは、何も知らない私に、暇さえあれば哲学的な話をしてくれて、表現が人間社会にとっていかに重要で、人生を賭けて追求するに値するテーマか、と教えてくれました。そこでは常に斬新なアイディアが求められ、評価され、既成概念の突破が奨励されていました。

無我夢中で仕事をしているうちに子どもができました。

日本自然保護協会との出会い

上の子が幼稚園に入り、何度目かの父兄の授業参観のときのことです。教室の後ろにはぎっしりお父さんやお母さんが並んでいました。隣に立っていたのは、お母さん仲間に人気の、横山のぞむ君のお父さん。子どもを自然の中で遊ばせて、いろいろ上手に教えてくれると評判だったので、ちょっと話しかけてみました。

「どんなお仕事しているんですか」「日本の自然を守る会社です」「自然を守るって、そんな会社があるんですか」「会社っていうか、財団法人なんですけど」「じゃあ行政のお仕事ですか」「いや、そうじゃないんですよ」

「じゃあNGOなんですか」と再度聞くと「あ、そうです、NGOですよ」。「へー、日本にもそんなNGOがあるんですか」と、つい声が大きくなってしまった私に、横山さんは逆に質問してきました。

「そちらは何をしているんですか」「広告の仕事です」「じゃあ、こんど手伝ってもらおうかなあ、話聞いてもらえますか」「喜んで」

一ヵ月後、当時、半蔵門にあった日本自然保護協会の事務所を訪れました。横山さんはここの常勤理事です。

相談の内容は、会員を増やしたいというものでした。低金利時代で協会の収入が減ってしまうので、財源を増やして活動を安定させるため、これまであまり働きかけてこなかった層からの一般会員の獲得に挑戦せざるをえなくなったのです。

会員を増やすには、協会の趣旨に賛同し、入会してくれる人を増やさなくてはなりません。いまでは少しよくなりましたが、当時の知名度は普通の人のなかではほぼゼロに近い状態ではなかったかと思います。それはそれでいいところでもあるのですが、働いている人たちが会の知名度についてあまり情報を持っていませんでした。

これまでの入会案内や寄付のお願いパンフレットをずらっと並べて見せてもらいましたが、表現に統一感がなく、同じ団体が出しているようには見えませんでした。

パンフレットもせっかくの媒体、普通の人たちにアピールするチャンスです。作るのにも時間と印刷費がかかっているはず。それだけかけているのですから、もっと協会の認知度を上げ、同じ「日本自然保護協会」という団体が出しているように統一感をもたせなくてはいけません。話を聞いてみると、どうも、これまでは二十人いるスタッフが手分けをして、個々の裁量と手作り感覚でパンフレットを作っていたようでした。

カルチャー・ショックの連続

日本自然保護協会のスタッフのほとんどはフィールドのプロフェッショナルたちです。つまり猛禽類《もうきんるい》の専門家や海洋生態系の研究者という、ほとんどが理数系の大学を優秀な成績で卒業し、高い倍率を勝ち抜いて日本自然保護協会の専従スタッフになった自然科学者です。

コピーライターやデザイナーのように、本やまんがを読んだり、お笑いや映画を見たり、街行く人の着ている服を日がな一日観察したり、ぶらぶら喫茶店まわりをしたりして時間をつぶすのが好き、なんて人はひとりもいません。みんな自分たちのフィールドや研究対象（植物や動物、鳥や昆虫、水質や干潟やマングローブ林や山岳地帯など）のことや、それらをどのように関係省庁や新聞記者の人たちにわかってもらうかで、頭がいっぱいでした。

とはいえ、一番売れているときの宇多田ヒカルを、「みんなわからないんじゃないかな」と言われたときはさすがにびっくりしました。会員拡大をすると決めたのに、なかなか会員以外の人に働きかけようとしないので、「たとえばタレントさんに協力を要請するというのはどうですか」と提案してみたのですが、「うちの理事はテレビを見ない人たちなので、その価値がわからなくてノーと言うだろう。わかったら逆にうちの理事じゃない」と言うのです。カルチャー・ショックでした。

「そんなこと言っていたら、世間に取り残されますよ」とためしにちょっと脅してみたのですが「テレビなんか見ていたら学者として一流じゃない。そんな学者なんかいらない」と逆に怒られる始末。こりゃー手強い、コミュニケーションの仕事としてこのギャップを埋める作業はかなり腕が鳴るぞ、と内心秘かに闘志を燃やしてしまいました。

自分たちの会が、どのように一般の人たちに見えているのかを研究しようとしていたのは、まだ若い、文系の大学を出て職員として入ってきた森本言也さんと、高級デパートから転職してきた芝小路晴子さんくらいでした。

コミュニケーションは言い分けること

とりあえず新しい入会パンフレットを作るために、基本的なブランディングをしようと思いました。ブランディングというのは、日本自然保護協会が普通の人である不特定多数からどう見られ、どう思われ、どう記憶されるかを、ただ成り行きにまかせるのではなく、自ら発信する情報を利用して、積極的に設計していくことです。

ブランディングの第一歩が、ミッション・ステイトメントの制定です。ミッション・ステイトメントというのは、使命を簡潔に定めた、その会にとっての憲法のようなものです。

日本自然保護協会を表すロゴマークもなかったので、あわせて作ることにしました。デザインは、東京国立博物館の法隆寺宝物館の美しいタイポグラフィで知られるアート・ディレクターの平野湟太郎さんにお願いしました。ちょっと話をしたところ、ぜひやらせて、と言ってくださったのです。平野さんは「日本自然保護協会」という漢字八文字を、三ヵ月かけて何百通りものパターーンを作って整えてくれました。

ミッション・ステイトメントを作るため、横山さんに「日本自然保護協会は何をするところですか」と定番の質問をしたところ、横山さんの答えは「さあ、なんでしょう。いろいろやっているから、一言じゃ言えないな」。

それから三ヵ月間、なんとか実像をあぶりだそうと四苦八苦しました。「簡単に、一言で言うと何ですか」と聞いても、「そんなに簡単なことじゃないんだよ」「そもそも難しいことやっているんだからね」という返事が返ってきます。一言で言うことの難しさに加え、「こんな難題に取り組んでいるのに、それが一言で片づけられてはたまらない」という抵抗感のようなものを感じました。

それは、もっともな話なのです。日本自然保護協会が取り組んでいることは、本当に難易度が高いことなのです。くわしく聞くたびに、よくぞここまでやってきましたと感心することばかりでした。それをもっと多くの人たちに伝えたい、といつも思っていました。でもそれは取り組み内容の「難易度が高い」ために〝ムズカシイ〟話になってしまって、なかなか多くの人に伝えられなかったのです。

難易度が高いということと、説明が難しいということは混同されやすいのかもしれません。コミュニケーションは、混ざっているものを「言い分け」て、どんなに難しいことがらでも簡単な言葉で言える、というところから始まります。

日本自然保護協会がしていることは、日本の自然を守ること――。その考えに行きつくまで、というよりは、そういうシンプルな一言で納得してくれるまで、三ヵ月かかりました。

日本自然保護協会の発足の経緯は、日本社会にとって既成概念の突破体験でした。

「自然を守れない日本というシステム」新聞広告（日本自然保護協会、読売新聞1997年11月13日）　日本自然保護協会のブランディングを始めたころ、「省庁再編の動きは、自然環境を良くない方向に持って行ってしまいそう」という危機感を示す意見広告を出したいと頼まれました。ちょうど、絵本作家のディック・ブルーナが「ミッフィー」シリーズの線をすべて筆で手書きしていることを知って、タイポグラフィの原点は筆だ、と思っていたところだったので、キャッチコピーからボディコピーまですべてを筆で一発書きに挑戦。間違えずに書き終えたときは、我ながらちょっと嬉しくなりました。真ん中のイラストだけはプロのイラストレーターにお願いしたものです。

日本自然保護協会はもともと「尾瀬保存期成同盟」というごつい名前でした。設立は一九四九年。尾瀬の湿地帯をダムにするというプロジェクトに対して、尾瀬をフィールドに研究していた生物学者たちが、とんでもない、と立ち上がったのです。

尾瀬の湿地帯は世界でも有数のめずらしい生態系を誇っています。学者の人たちだけでなく、湿地帯を愛するナチュラリストも一緒になって、小屋を建てて立てこもったり、世界へ応援を求めるメッセージを発信したり、日本で初めての大規模な自然保護運動になりました。

それは日本の生物学者たちの威信を賭けた運動でした。この運動の結果、尾瀬の湿地帯は守られ、尾瀬保存期成同盟は電源開発の当事者だった東京電力と和解し、尾瀬のような全国各地の問題の解決にあたるため、名前を「日本自然保護協会」と変え、一九六〇年には財団法人になりました。ときどき「東京電力は尾瀬の自然を守っています」という平和なテレビCMが流れていますが、その裏にはこんなドキドキな歴史があったのです。

誤解のないようにつけ加えると、日本自然保護協会は「ゆたかな自然を育てる」というおだやかで地味な仕事にも大きなエネルギーをさいています。一度破壊されてしまった自然を、豊かな自然に修復することもします。また予防医学や保健の考えと同じく、いったん壊してしまってから直すとコストが莫大になるので、自然を「壊さない」社会づくりを

【全面広告】 朝日新聞 1997年(平成9年)10月28日 火曜日 12版 8

意見広告

「対人地雷の廃絶」条約だけではダメ。

いま、世界では64カ国に1億1千万個の地雷が埋められています。そのほとんどが対人地雷で、農民や女性や子どもたちが毎日70人も、死んだりけがをしたりしていると言われています。

私たちはこのことを、政治や軍事の問題としてではなく、純粋に人道的見地から、世界でこれ以上の悲劇が起こることなく、日本がこの取り組みに立ち遅れることのないように、希望し、祈念して、対人地雷被害者への支援、地雷の撤去、全面禁止に向けて微力を捧げてきました。対人地雷撤去キャンペーン絵本「地雷ではなく花をください」を刊行するなどして資金づくりを行い、カンボジアやボスニア・ヘルツェゴビナで対人地雷の撤去にあたってきたのも、こうした活動のひとつです。

今年のノーベル平和賞は、ICBL(対人地雷禁止国際キャンペーン)とそのリーダーであるジョディ・ウィリアムズに贈られることになりました。ICBLの一員として、対人地雷問題に積極的に取り組んできた私たちは、ジョディとともに認められた喜びを分かちあいました。みなさまのあたたかな祝意に感謝いたします。

このICBLにつらなる各国のNGOと各国政府それぞれの努力により、対人地雷禁止条約が12月の初め、オタワで締結されます。この数年、対人地雷の非人道性が世界的な問題となり、橋本首相も去年6月のリヨン・サミットや9月の国連総会などで、これに対する積極的な取り組みを表明し、また、国会には、超党派による議員連盟も発足しました。

私たちは日本が、世界の苦しみを分かちあうべく、対人地雷問題で主導的に応分の役割を担うことが大切だと考えます。ですから、単にこの条約に署名するだけではなく、すみやかに国会で批准がなされることを求めます。

しかし、この条約ができればそれで終わりという問題ではありません。むしろ、これは問題解決のスタートというべきでしょう。「64カ国に1億1千万個」の地雷は、誰かが踏むまで、いつまでもジッと人の命を狙っているのです。そして、25万人以上もの人が今も地雷の被害で苦しんでいるのです。

本年夏に以上のような趣旨について、各界で活躍する100人の方々に賛同をいただきました。いうまでもなくこれはイデオロギーや特定の宗教運動ではなく、また、いわゆる「反戦平和運動」でもありません。ひたすら人道的立場から、対人地雷の廃絶に向けて広く、みなさまのご理解、ご賛同、ご協力をお願いいたします。

1997(平成9)年10月

相馬雪香

難民を助ける会(AAR)会長

対人地雷廃絶に賛同する100人

「地雷禁止国際キャンペーン」新聞広告（難民を助ける会、朝日新聞1997年10月28日）　日本自然保護協会の仕事を始めたのとほぼ同時期に作った、NGO「難民を助ける会」の「地雷撤去」をテーマにした新聞広告です。「地雷」は子どもの命や足を奪う、人道に反する武器。他の武器は人道に反しないのか、という素朴な疑問は将来に向けた課題としつつ、とりあえず一歩進んだ成果を世間に公表する広告でした。悲惨な現実が漂わざるをえない内容ですが、チャーミングなところとユーモアを表したくて、足をポキッと折ったジンジャー・クッキーという人間の形をしたお菓子の写真を使いました。

教育の面から進め、名前はカタイのですが、自然観察指導員を養成する事業にも取り組んでいます。

ミスター自然保護

私にとって日本自然保護協会の常勤理事、横山隆一さんとの出会いは、大きなカルチャー・ショックでした。猛禽類の研究家でありながら、社会の事象にもくわしく、民主主義の未来についてもしっかりした考えを持った戦略家。一体どうしたらこういう人間ができあがるのか、不思議でたまりませんでした。

横山さんは、東京農大近く世田谷通り沿いの、とってもおいしい洋食屋さんの一人息子です。コックさんであるダンディなお父さまとお店を手伝うお母さまが忙しい間、お客さんとしてお店にくる農大の学生さんたちに多摩川に連れて行って遊んでもらったり、鳥の見分け方を教わったりして育ちました。

農大一高付属中学の生物部の先生から大きな影響を受けて、そのまま農大へ行き、卒業後、(たぶん)優秀な成績で母校の中学の生物の先生になりました。そして数年教師をした後、中学のときの先生に乞われて、日本自然保護協会へと転職するのです。山に登り、海に潜り、日本中の自然を調べ、守る任務のため、都会にいるときは足首に重りを巻いて鍛え、小柄な身体に筋骨隆々。

横山さんは団塊の世代よりもひとつ若いモラトリアム世代です。小学生のころ、学生運動を見ていて、ボクならもっとうまくやるけどなーと思っていた、という通りの戦略家です。自然を守る使命に燃えながらも、表面上は憎らしいくらいに常にクールで、その反面むじゃきなところもあって、顔はお母さまにそっくりです。

文章がとても立派で（つまり堅くて）、こんなんじゃ一般人には伝わらない、と私がケチをつけると、こういう文章じゃないと学者や官僚には効かない、とやり込められます。たとえ文章が堅くても、対人コミュニケーション能力が異常に高くて、明るい活動家の横山さんには、いつもいろいろなことを教わり、いつもかなわないなあ、と舌を巻いている私でした。

広がる輪

そして、とうとう日本自然保護協会のみんなで作った、新しいミッション・ステイトメントと新しいロゴが入った入会パンフレットが完成しました。

タイトルは「年会費は5千円、月コーヒー1杯分」。

みんなからちょっとずつ、合わせてたくさんの寄付が必要だということをアピールしています。ビジュアルは、日本列島の上に、実際に日本自然保護協会が取り組んでいるスポットがマークされ、具体的に活動内容が一覧できるというもの。これはアート・ディレクターの平野湟太郎さんがていねいに作ってくれました。

　このパンフレットが世に出た頃から、プライベートの携帯電話に「うちにも作ってほしい」と電話がかかってくるようになりました。元WWFジャパン（世界自然保護基金の日本支部）の中村圭一さんからのパンフレットの作成依頼は、ずっと野生動物保護の仕事をしたかったという会社の後輩コピーライターとデザイナーのチームにお願いすることにしまし

完成した日本自然保護協会のパンフレット

た。

高校の同級生から頼まれた百五十八人の女性弁護士の会「ダイオキシン・環境ホルモン対策国民会議」のパンフレットを作る仕事は、あまりに時間が限られていたので、自分のマックで作り、通勤途中に見つけたデジタルプリント屋さんに持っていってプリントしてもらい、ダンボールに詰めて会場に送ってもらいました。

どの依頼からもNGOの切実な現状が垣間見えて、とても断れませんでした。

おもしろいのは、NGOのほうから依頼が来るようになるのと同時に、自分も作りたい、と若いコピーライターやデザイナーが現れて、志願表明をされるようになったことです。

ある日、ポートフォリオ（作品集）を見てほしいという電話がかかってきました。どこから私のことを聞いたのだろうと思いながら会ってみると、曽慶タカという新進気鋭のアート・ディレクターです。作品はシンプルなアイディアが際立つ、ていねいに仕上げられたものばかりでした。

「NGOの仕事がしたい」と、相手が面識のない人間でも照れをちっとも感じさせず、作品集を見せて自分を売り込んでくる熱心さに感心しました。さっそくそのときに取り組んでいた日本自然保護協会のシゼンホゴフェスへの協力を要請。ポスターとハガキを、鞭を

「シゼンホゴフェス」ポスター
(日本自然保護協会、2001年12月)

持ったSM嬢と巨木の合成で作ってもらいました。「自然を壊したら、お仕置きよ!」というのが、曾慶タカのアイディアでした。

グリーンピースはコワモテ?

次に出会ったのが、斬新なキャンペーンで知られるNGO「グリーンピース」でした。

グリーンピース・インターナショナルは一九七一年に設立された自然保護NGOです(本部はオランダのアムステルダム)。支部のグリーンピース・ジャパンは一九八九年設立され、会員数五千五百人(二〇〇六年現在)。日本では四番目に大きな自然保護NGOになります(ちなみに日本で一番は日本野鳥の会で約五万人、二番目がWWFジャパンで約三万五千人、三番目が日本自然保護協会で約二万二千人)。

グリーンピースは、他の自然保護NGOとちがって、その圧倒的にユニークな直接抗議行動で全世界に知られています。もともとアメリカの核実験を止めさせようというところからスタートしたNGOです。

一九八五年には、ムルロア環礁でのフランス核実験に抗議するため、ニュージーランド・オークランド港に停泊していたグリーンピース「虹の戦士号」が、フランス情報機関のテロによって爆破されるという事件が起こりました。ボランティアとして乗っていた写真家のフェルナンド・ペレイラが死亡し、フランスはその後、国家として初めてNGOに敗訴します。

それから十年後の一九九五年、フランスはムルロア環礁でふたたび核実験を強行しようとし、グリーンピースもまた総力を挙げて抗議行動をとりました。「虹の戦士号2世」「ヴェガ」「マニティア」「ゾディアック」など十数隻、グリーンピース号搭載のヘリコプター、呼びかけに応え各国から駆けつけた百隻以上の平和船団が、ムルロア環礁を取り囲んだのです。フランスはそれでも核実験を強行したのですが、以降の実験を断念しました。

ところがその筋金入りの勇気ある行動のために、日本では、グリーンピースは過激でかたくなな組織と思われて苦労していたのです。

くじらキャンペーン

二〇〇二年春、当時FoE JAPAN（フレンズ・オブ・ジ・アース）の事務局長だった安在尚人さんから電話がかかってきました。安在さんは元東京新聞の記者で、環境NGOと報道の内情に詳しく、いつもいろいろなことを教えてくれます。二〇〇二年五月二十日から二十四日にかけて行われる第五十四回国際捕鯨委員会（IWC）の場でアピールする、グリーンピース・ジャパンのくじらキャンペーンを手伝ってくれるひとを探しているとのことでした。しかもそれがピッチ（競合）にかけられる、というので、日本の環境NGOもそこまできたのかと感心しました。

二〇〇二年のIWC国際捕鯨委員会の候補地として下関市が手を挙げたというニュースは、たまたま下関市長のトークショーで聞いて知ってはいましたが、そのときはまさか自分がその場に関わることになるとは思っていませんでした。

日本のグリーンピースの話を聞いてみると、面白いことがわかってきました。日本のグリーンピースはくじらについて広告を一度も打ったことがないこと。なのに、くじらをめぐるグリーンピースという団体の知名度はとても高いこと。グリーンピース・バッシング記事がたくさん出ていること。そして日本のグリーンピースは持論を押しつけたいわけじゃなく、話し合いたいと心から思っている柔軟な環境NGOだということ。

特に最後のメッセージは、ほんとうに誤解されているな、と思い、なんとかならないかなあ、と考える足がかりになりました。

チャーミングな広告にしたいと思いつつ、紙をひろげ、鉛筆で波線と点を描いてみました。それだけでくじらが笑っているように見えました。すぐに曾慶タカに見せると「あ、くじら」と言いました。いいでしょ、これでやろうよと言うと、すぐにその感覚をわかってくれました。思った通り、それはとても曾慶タカ好みのアイディアでした。

シンボルというのは、ときおりこんなマジックを見せてくれます。簡単な形の組み合わせから、人はイメージを膨らませ、メッセージを受け取ります。それは人間とくじらの深い歴史を物語っているといっても過言ではありません。

しかも「昔、日本人の生活にくじらは深く関わっていた」というメッセージは、「じゃあ、これからどうする、捕鯨のこと」というテーマにぴったりです。くじらを大事に思っ

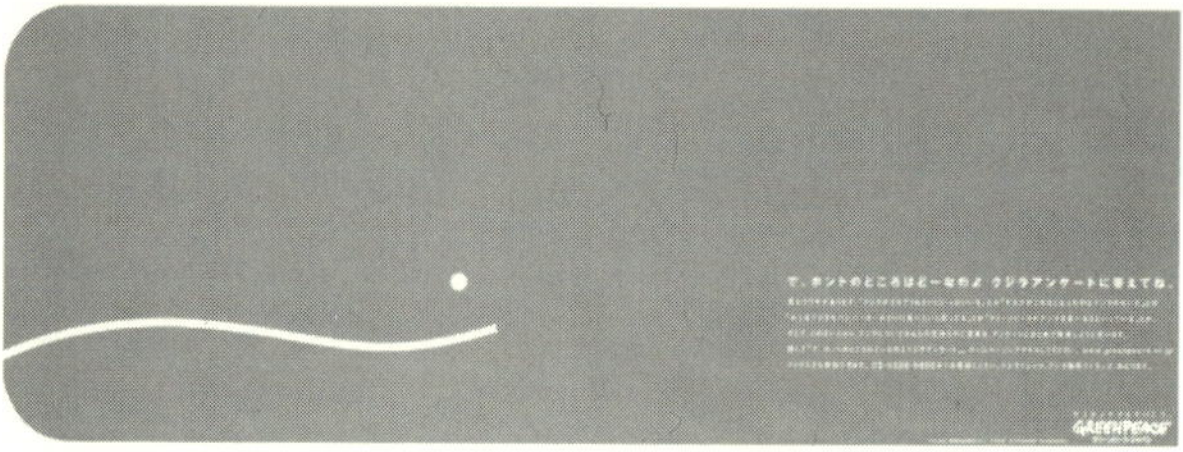

「で、ホントのところはどーなのよ　クジラアンケートに答えてね」ポスター（グリーンピース・ジャパン、2002年5月）

ているから、また食べたいから、ふえるまで待つ、という持続可能な捕鯨を望む人もたくさんいるかもしれないのですから。

　くじらを食べるなと言いたいのではなく、みんなほんとうにくじらを食べたいと思っているのかどうかを知りたい。そしてみんなの意見をもらって話し合いたい。そういうグリーンピース・ジャパンが最後までその志を貫けるか、というところにも関心がありました。

　結果、キャッチコピーは「で、ホントのところはどーなのよ　クジラアンケートに答えてね」。新聞二段の細長い広告（ほんとはブルーにしたかったけどモノクロ）をアンケート結果の発表も含めて二回。それから大型の駅貼りポスターを二枚作って、一枚は下関駅に、もう一枚は渋谷の高架下コミュニティカフェ「プラネット・サード」の店内に掲示させてもらいました。ポスターとおそろいのプレスキット、バッジ、携帯ストラップ、シールも作りました。

深夜営業が終わった真夜中の渋谷のカフェの前で、舗道にパネルを並べてくじらの大型ポスターをきれいに貼り、それを店内の壁にかけ、インターネット・カフェのスクリーンセーバーを全部おそろいのくじらにして、二週間飾ってもらいました。

その数日後、電車の中で背広にクジラ・バッジをしている西欧人の若い人を見かけました。下関市の記者会見場だけで配られたバッジです。思わず「あっ」と言って指さすと、「ね、かわいいでしょ」と逆に自慢されました。「このバッジ、知ってる」と私が言うと、

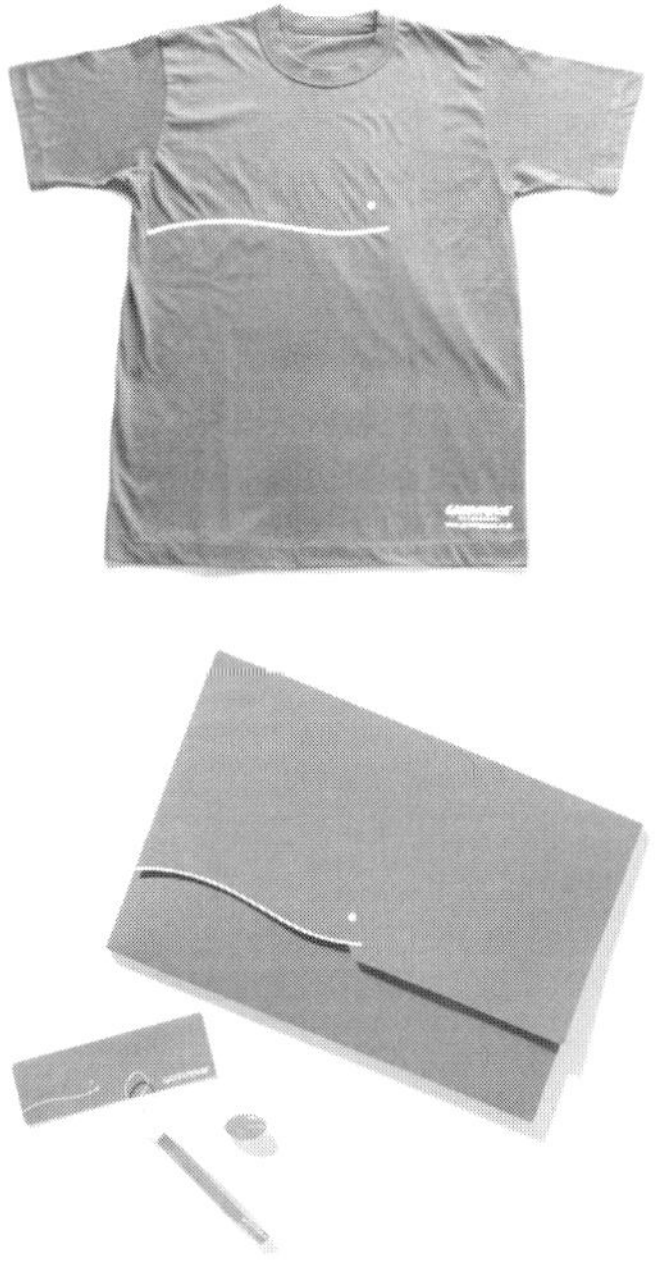

くじらをモチーフにしたTシャツ、プレスリリースキット、バッジ、携帯ストラップなど

「でも、現地はもっとすごかったんだから。知らないでしょ、みんなおそろいでね。ポスターもプレスキットもTシャツも、みんなこの柄なんだよ。すごくクールでさ。僕こういうの、けっこう好き。シンプルでいいよね」と早口でまくしたてられました。

あまりの偶然にびっくりして、めまいがしたほどです。その人は外信の記者で、取材で行ったようでした。すぐに降りる駅がきてしまって、「それ私が作ったんだよ」と言いたかったけど、なんと言っていいのかわからず、そのまま別れてしまいました。

キャンペーンが終わったあと、日本のグリーンピースの人たちから嬉しいことばをもらいました。「やってよかった。クレームもなかったわけじゃないけど、それと同じくらい励ましのメールやファクスが来た。世の中半々なんだな、って思った」「いい広告の影響はすごいなと思った。意外とみんな考えているんだということがわかった」「広告で意見を聞くなんて考えつかなかった」「広告への考えが変わった」。

たったひとつの広告が、こんなに作った人たちに働きかけるものだという感覚をひさしぶりに味わいました。

NGOの貧乏脱出大作戦

二〇〇二年九月二十三日、月曜祝日――。NPOレインボー副理事長の田中秀一郎さんに誘われて、円卓会議の司会として、渋谷の代々木公園で行われたレインボーパレード2002に参加しました。「NGOの貧乏脱出大作戦」という笑える垂れ幕がどかんとついたテントで、コーディネーターは霞末裕史さん。円卓は、A SEED JAPANの羽仁カンタさん、シンクジアースの久田浩司さん、ぼきんやドットコムの菅文彦さん、朝日ライフアセットマネジメントの速水禎さん、という顔ぶれでした。

なぜ日本のNGOは貧乏なのか。貧乏を脱するにはどうしたらいいのか。当日までにみんなで話し合った考えを、かわいいピクトグラムにまとめ、後ろの席の人にもよく見えるように、プロジェクターがなかったので大きなA1サイズにプリントアウトして説明しました。

円卓、観客席ともに参加者にとっては充実した会でしたが、ちょっと残念だったのはお客さんが少なかったことです。お客さんと円卓はほぼ同人数。もともと作ってある席がそのくらいですから、それでいいのかもしれませんが、目標設定が低すぎて、これじゃあ貧乏になるのも無理はないのかも。

このとき私がみんなに見せたのは、NGO専門の広告マスコミュニケーションのターミナル構想でした。それまで日本自然保護協会の苦労を見ていて、NGOと企業との圧倒的なマスに対するコミュニケーション力の差を痛感していました。

企業は大きな資金力で、テレビのコマーシャルや新聞広告やポスターなど、たくさんのメディア（媒体）に自分の表現を露出させられます。表現の内容についても、広告の制作会社に依頼して、たくさんの人の知恵をあわせて作ることができます。日本自然保護協会などのＮＧＯが、自力で同等の露出量や制作表現物のクオリティを確保しようというのは、無理な話でした。

マスに対するコミュニケーション力の不足は、日本自然保護協会だけの問題ではありません。自然保護というジャンルだけの話でもありません。ほとんどすべての社会問題には、それについて活動しているＮＧＯがいて、そのどこも会員集めやキャンペーン展開のときに、表現やメディアのフラストレーションを抱えていました。

「広報のやりかたがわからない」「広告を出しても効果がない」「値段が高い」「手が届かないからやる気にならない」「わかってくれない」「思いやりがない」「時間がない」「協力してくれる人がいない」「どうせやっても無駄」「実際無駄だった」などなど。

そこでトップクラスのマスコミュニケーションのサービスができるプロフェッショナルの技を集めて、ＮＧＯが共同で利用できる、ハイクオリティでローコストなクリエイティブの共同体を作り、それをみんなの力で支える、というアイディアを提案したのです。それはクリエイティブ文化にとっても挑戦でした。

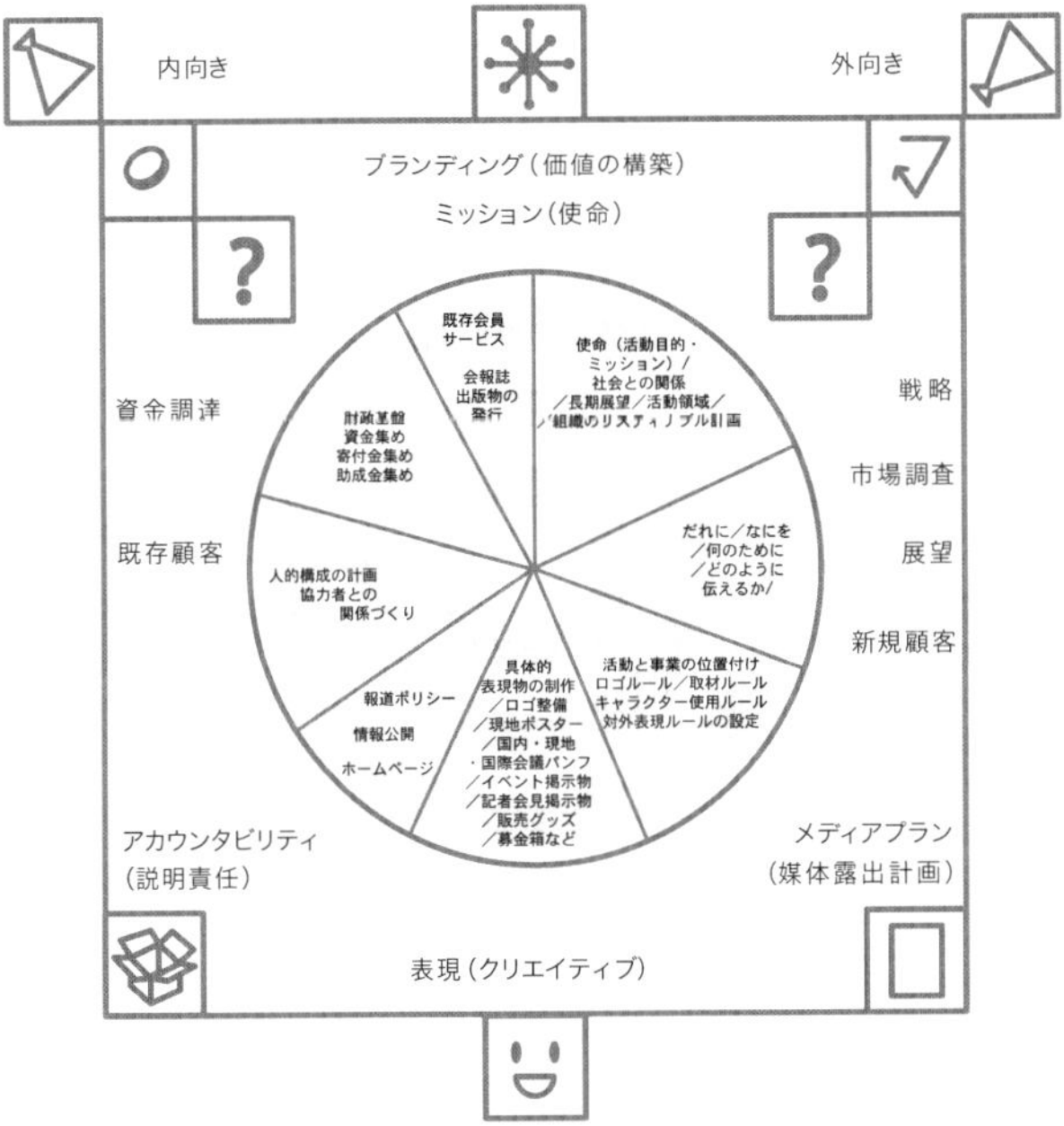

ターミナル構想

広告メディア・クリエイティブ「サステナ」の原型になったＮＧＯ情報発信ステーションの図。マスという不特定多数へのコミュニケーション、情報発信、ブランディングにはどんなスキルやチームが必要かを説明するために作りました。2002年広く知らせるには、媒体を確保しなければなりません。パンフレットだって、くちコミだって、カフェに貼るポスターだって、立派なメディアです。NGOにはお金はないかもしれませんが、協力者がいます。少なくとも、言い出しっぺである、強いモチベーションを持った人間が最低ひとりはいます。だから「ひとりから始める広告」をNGOのスタンダードにすれば、できない話ではないと考えたのです。

ゆっくり堂のブランディング

このころ、ゆっくり堂というユニークな会社のブランディングに取り組みました。ナマケモノ倶楽部というNGOの活動に由来する、出版とろうそくの会社です。ここからロゴマークを作ってほしいと頼まれたときは、すぐにはデザイナーを紹介しませんでした。ひと月ほどかけて「自分たちの活動」を一冊のファイルにまとめるという宿題を出し、それができたら紹介しましょう、という作戦をとりました。

NGOが、自分たちの活動の本質は何かということを、ああでもないこうでもないと悩むのには時間がかかります。ゆっくり時間をかけて、みんなで練り上げてもらいたい。でもその時間のすべてにコピーライターやデザイナーをつきあわせていたら、モチベーションも会社も潰れてしまいます。それは両者にとって不本意なことです。そこで各自できるところは自分でやるという方針で、まとめたファイルをチェックし、上手にまとまったのを確認したうえで、デザイナーに説明（オリエンテーション）したところ、これがとても好評でした。

クリエイティブを作る作業は、最初のオリエンテーションが一番大事です。そのためには、思っていた時間の十倍はかけるというのがコツのようです。

NGOの広告メディア・クリエイティブ

コピーライターやデザイナーなどクリエイティブと呼ばれる人たちに、NGOの表現を手伝ってもらう「マスコミュニケーション・ターミナル構想」。美しくて楽しくて成功したオランダのクラッカーたちの運動を引っ張っていたのは、デザイナーや美大の学生だったから、日本のデザイナーやコピーライターたちだって、社会問題を明るく解決できるにちがいない。やりたいと思っている若い表現者たちももっといて、需要と供給がかみ合うにちがいない。そんな漠然とした計画でした。

代々木公園で行われた「NGOの貧乏脱出大作戦」では、最後に「NGOが貧乏を脱出するために、こういう広告メディア・クリエイティブがあったらいいと思います」と提案し、お客さんたちの「賛成！」の声をいただきました。

よかった、よかった、と内心思っていたら、「誰がやるの?」と質問され、「それはやりたい人がそれぞれ」と答えたところ、「それがいないって話じゃなかったっけ」とブーイング。慌てて「もちろん私は私でやりますよ。というか、やっているし。言っていただければ」と付け加え、(たしか羽仁カンタさんが)「じゃあ作ろうぜ」といったところで、拍手、お開きとなりました。

すぐに、用意してあった白い垂れ幕に武田双雲さんが「NGOメディア・クリエイティブを作ろう」と書きこみ、それを掲げて円卓に参加していたみんなで渋谷の街を大パレードしました。なんて手際の良さ。道行く人がみんな見ていて恥ずかしかったけど、なんだかすかっとする快感も同時にあったりして。デモが有権者という一般人の権利だということもこのとき知りました。

そして、「じゃあ作ろうぜ」と言った羽仁カンタさんと私が共同代表になり、お客さんとして来ていて、最後に手を挙げて「僕も同じことを考えていました。一緒にやります」といってくれたデザイナーの加藤賢一さん、他の円卓会議のメンバー、それに田中秀一郎さんと安在尚人さんが加わって、〝広告メディア・クリエイティブ〟という集まりがスタートしました。

クリエイティブも元気になる

NGOの表現をたすけようと始まった広告メディア・クリエイティブですが、作り手のクリエイティブの人たちにとっても、ときどきそういう仕事に取り組むのは、自分の才能を元気に保つためにもいいことなのではないか、とこのごろ思います。

たとえ報酬は少なくとも、自分の腕を試し、作品を作る機会になるのはもちろんのこと、NGOが直面している課題をともに分け合うことで、社会のダイナミックな流れを肌で感じ、世界の動きを知ることができる。それがひいてはクリエイティブのカルチャー・バックグラウンドを豊かにするのです。

海外では、このような専門職の熟練者が、利益のためではなく公益性のために働くことをプロボノワーク（pro bono work）と呼んでいます（プロボノ・パブリコというのはラテン語で「公共善のために」という意味）。広告業界の四大グループのひとつ、WPPグループは全社員にワークタイムの4％のプロボノワークを推奨していますし、アメリカ法曹協会も弁護士に年間五十時間以上のプロボノワークを勧めています。日本でもプロボノワークを推奨する企業がもっと現れてほしいものです。

広告のことばを考えたり、デザインを考えたりする仕事は、人々の生活や幸せと直接関わっています。哲学的な視点がないと、持続的に豊かな表現を作ることはできません。作り手の人生がどれだけ本質や哲学や文化と向かい合っているか、ということが作る表現に出てしまうシビアな世界です。そして、そういう職種の人は、いまのご時世、環境や社会的な活動に関心がないわけがありません。

クリエイティブに携わっている人たちは強い立場にいると思われがちですが、必ずしもそうではありません。表現というソフト（コンテンツ）を産み出す産業の歴史が浅いからなのか、文化やアートへの理解が足りないからなのか、官公庁の見積もりにも、以前はコピーライティングやデザインやコンセプトワークという名目はなかったと聞いたことがあります。ハードよりもソフトは評価しにくいということなのでしょうか。

どんな言い方をしたらよりよく伝わるか。これはれっきとした技術です。日本語はほとんどの日本人がしゃべれますが、不特定多数に向けたマス表現でものを伝える技術は、だれでもできるわけではありません（だれでもできるようにはなりますが、それには時間がかかります）。それがきちんとできる人はそんなに多くはなく、医者や弁護士と同じ特殊な技術であるのですが、技術に対する報酬の概念が、きちんと行き渡っているとは言えないようです。

以前、NGO広告の作り方という講義を一時間やった後の質疑応答で「プロデューサーって、なんですか」と質問されたときには、しまったと思いました。知っているだろうという自分の思い込みがあったのです。

あらためて聞いてみると、コピーライターやデザイナーという人が何をするのか、わからないという人がたくさんいました。ストラテジー（戦略）という言葉も初めて聞いたという人がほとんどでした。会ったとたんに「生まれて初めて、コピーライターという人をナマで見ました！」と握手を求められたこともあります。社会の判断力の基礎になる表現を作るという仕事の人が、そんなに普通の人の生活から遠い存在なのは、あまりいいことではありません。

サヨナラをサステナに

代々木公園で貧乏脱出大作戦が行われた二〇〇二年九月、南アフリカのヨハネスブルグでは第二回地球サミットが行われました。テーマは十年前と同じく「サステナブル・ディベロップメント」。えっ、同じテーマなの、とびっくりした覚えがあります。「それだけ進んでないんだよ、きっと」と言ったのは、安在尚人さんです。

当時、サステナブルという言葉の知名度は5％未満でした。第一回目の地球サミットのテーマとして取り上げられてからもう十年。ふたりして暗くなってしまいました。サステナブルをサスティナブルっていう人もいるし、サスティナビリティも長すぎる。だいたい和訳が持続可能なんてこむずかしいし、そんな日本語聞いたこともない。持続可能は漢字が四つも続いてぱっと見も読みにくいし、これを普及させるにはいったいどうしたらいいんだろう……。

でも、「サステナブル」は環境問題の根幹になる考え方を一言で表している言葉でもあるので、この言葉をみんなが使うようになったら、それだけ環境に対する理解が進んだと言えるのではないか。そこで認知度を上げるためにラジオのＤＪになるべく発音してもらう、という目標を掲げ、まずは自分からたくさん発音する〝マイクロくちコミ大作戦〟、つまりは「たったひとりのキャンペーン」から始めることにしました。

ちょうどそのころ、環境に携わる仕事に就職したいという学生さんたちと話をする機会がありました。課題として、このサステナブルという言葉を普及させる作戦を立てようと言ったところ、上智大学の女子学生さんが「サヨナラのかわりに、別れるときにみんなで手を振ってサステナと言うのを流行《はや》らせる、というアイディアはどうでしょう」と提案しました。

さようなら、おげんきで、私たちの関係が今後も持続可能でありますようにという意味を込めて、この言葉を挨拶として使う。友だち同士でしめしあわせて、四谷の駅で「サステナ」と口々に言い合う。それを見ているサラリーマンが、またヘンなことが流行ってい

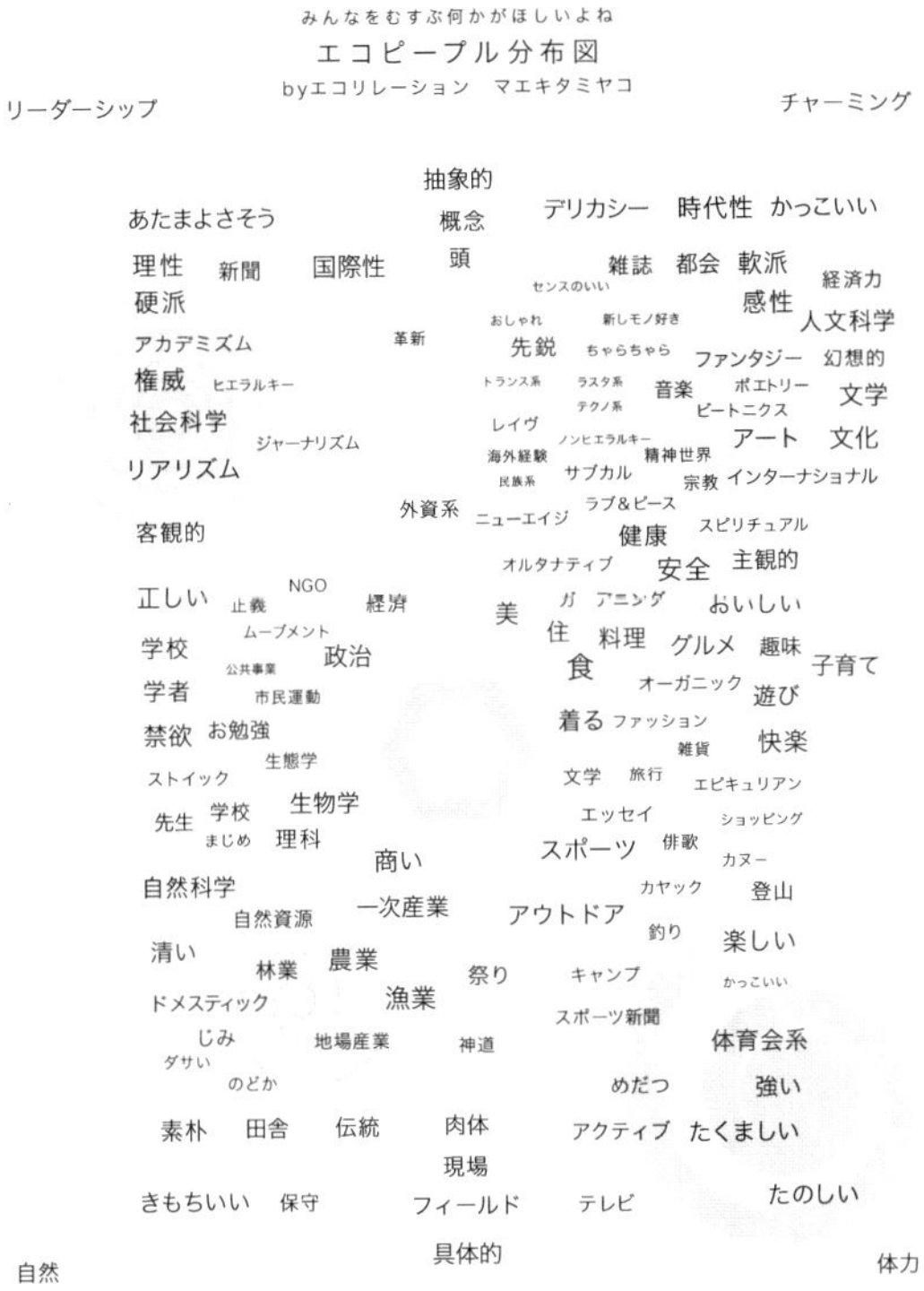

エコグルグル

環境のことに取り組んでいる人たちはいろいろなジャンルにいて、みんな一緒に活動すればかなりのボリュームになるのにな、と思っていました。そんなある日、「なぜ一緒に活動しないのですか」と質問したときに、「あの人たちとは毛色が違うから」という答えが返ってきたので、微妙な立ち位置の違いを自分の中で整理してみようと作りました。環境関係の人たちの飲み会などで、この表を見せながら「あなたはどの辺ですか」と聞くと、とても盛り上がります。自分の活動を客観視するのに役立つツールです。中央が空白、というのがミソ。2000年ると思う。なかなかすばらしい戦略じゃないですか。他の人たちも拍手喝采。カタカナ四文字というのは、日本人にとってストレスの少ない覚えやすい形だし、五七五にするときも扱いやすい。

そんな会話があったことを、新しい広告メディア・クリエイティブの名前をどうしようかというときに思い出したので提案し、「サステナ」に決まりました。この機会を利用して、サステナブルの知名度を高め、エコシフトの一助になればと思ったのです。

NGO広告戦略を大学で教える

NGO円卓会議でご一緒した紛争予防と武装解除のピースメーカー、伊勢﨑賢治さんに誘われて、二〇〇三年から立教大学で非常勤講師をすることになりました。テーマは「NGO広告戦略論」です。

これからの時代、いつなんどき、自分が問題を告発したり提案したりする人になるかもしれない。好むと好まざるとにかかわらず、突然それはやってくる。必要なのはスキルとノウハウ。そのときに、やったことがある、やり方を知っているという人は強い。だからいざというときのために、知識と経験を身につけておこう。それが講義の趣旨でした。

ダライ・ラマが国外追放されてヒマラヤ越えしたり、シンドラーがユダヤ人を救ったり、子どもを亡くしたお母さんが世田谷で署名を集めたり、中国の民主化活動家、魏京生の秘密文書が日本に持ち込まれたり、貧酸素《ひんさんそ》水塊《すいかい》が有明海で大発生したり。でもそれは、必ずしも新聞記者の隣で起こるわけじゃない。ニュースだって、人間が書かなくては報道されない。インターネットの検索エンジンみたいに報道ロボットが世界を巡回して、でっかい目でぎょろぎょろ見張っているわけじゃない。

だから、自分がたまたま事件の隣にいて、これは知らせなくっちゃと思ったときに、きちんと間違いなく伝えられるようにしておこう。情報格差をなくす、市民のための「NGO広告戦略論」でした。

小冊子『エコココロ』

二〇〇二年秋。ラジオ業界で働く妹の知り合いから連絡があって、エコがテーマのコンサートでお客さんに配るおみやげを考えてほしい、と頼まれました。だったら、エコシフトを起こした北欧の全世帯配布冊子のように「いま私たちがエコに取り組まなくっちゃ大変！　なんでかというと……」がわかりやすく説明してある小さな本を配るというのはどうでしょう、と言ったところ、とんとん拍子に話が進み、手のひらサイズの『エコココロ』という本ができました。

『エコココロ』ビジュアルブック（2003年３月）

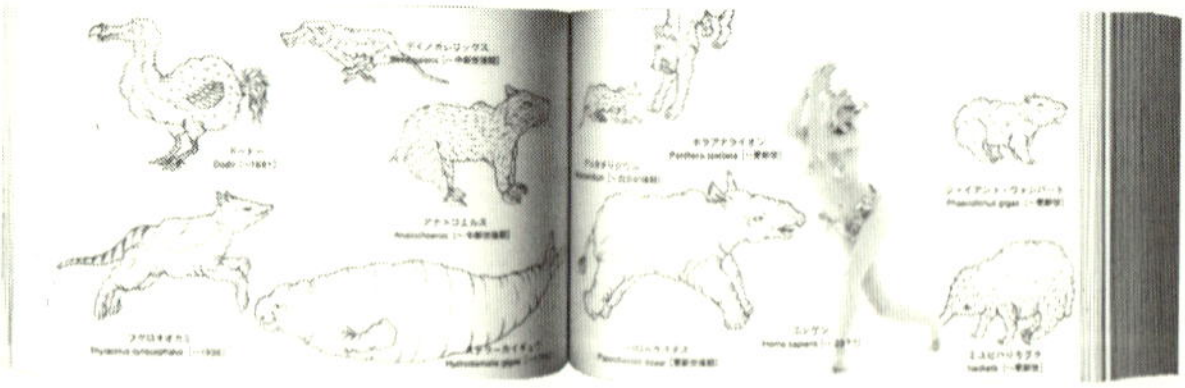

『エコココロ』の中身
ページをパラパラめくると絶滅した動物たちが動く。ヌードの女性が踊る。

野田凪さんをアート・ディレクターにキャスティング。地球上にかつて存在し走ったりうんこしたりしていた動物たちが駆け回る中、ヌードの美しい女性も一緒に踊る、もしかしたら人間も絶滅図鑑に入っちゃうかもしれないよ、というメッセージのパラパラ絵巻「未来の絶滅動物図鑑」を登載した小冊子です。

このエコ小冊子は、二〇〇三年一月、東京FMの環境コンサートでプレミアムグッズとして配られ、その後、都内のオシャレな本屋さんで雑貨として売られ、『Luca』や『ブルータス』などの雑誌に、イケてる環境本として紹介されました。

9・11の夜

二〇〇一年九月十一日。その日の夕方、関東では台風一過で不思議な夕焼けが見られました。夜、食事をしようと入った渋谷のカフェは、お客さんたち全員が言葉少なにテレビに見入っていて、異様な雰囲気でした。「なんか、大変なことが起こったみたいですよ」と、お店の人が教えてくれました。

すぐ家に帰ってテレビをつけると、どのチャンネルも同じニューヨーク同時多発テロのニュース。ワールドトレードセンターが崩れ落ちる映像が繰り返し流され、言葉を失った私が喰い入るように画面を見ていると、突然楽しそうな音楽が流れ、カップに入ったインスタントコーヒーがくるくると回りました。ショックでした。その光景と衝撃をいまでもはっきりと思い出すことができます。

番組の間に入ってくるCMを、あの状況でコントロールするのは不可能だったと思いますが、誰が悪いというのではなく、現代という時代とマスメディアのずれ、節操のなさが、私にとっては衝撃的でした。

誰かが暴力を振るい、たくさんの命が失われているすぐ隣で、誰かが優雅を極めている。お互い、出会うこともなければ、話し合うこともない。けれど両者は関係している。私は同世代を生きていて、もしかしたら加害者かもしれない。加害者だとしたら、どんな償いができるのだろう。思いやらなければならない相手は、どんどん出てくる。知らなければならないこともどんどん増えていく。相手までの距離はどんどん離れていく。絶望してはならないというのに状況は絶望的だ。

数日間、筆記具を手に持っても力が抜けてしまって書けませんでした。

それから一年と四ヵ月が経ち、ちょうど小冊子『エコロ』を作っている最中に、アメリカがイラクを空爆するのではないか、という話を聞くようになりました。

空爆なんかしたら戦争になる。戦争にならなくても、空爆自体、戦争だ。戦争は最大の環境破壊だ。そのころ湾岸戦争で撒かれた「劣化ウラン弾」の残留放射能と、急増している白血病で命を落とす子の因果関係が話題になっていました。立教大学の校舎には、劣化ウラン弾の説明の立て看板が出るようになりました。湾岸戦争や劣化ウラン弾と白血病の子どもたちをテーマにした日本人フォト・ジャーナリストの個展が都内のあちらこちらの小さなギャラリーで行われるようになりました。

ママはその日なにをしていたのと聞かれて困らないために

アメリカのイラク攻撃開始への緊張が高まったある日、グリーンピースから話がとびこんできました。全国紙十五段の新聞広告を打ちたい。メッセージは「戦争は最大の環境汚染だ」。

それまで自分の記憶の中で、はっきりと嫌戦、非戦をテーマにして作られた日本の新聞広告が思い当たらなかったので、それを作りたいと思いました。なるべくショッキングにしようと考え、劣化ウラン弾の影響と思われる白血病の女の子の写真を使うことに決めました。

ところがグリーンピース・インターナショナルから、科学的根拠がまだ出揃っていないという理由で、締切り直前にNGが出てしまいました。急遽、短い時間で作れる限られた表現手段の中で、アイディアを練り直さなくてはならなくなったのです。小冊子『エコロ』を作るために詰めていた渋谷の出版社で、切羽詰まった私に曾慶タカが書き送ってきた「原爆のキノコ雲」のラフが、なんだか子どもっぽく、とても平和なぬりえに見えました。この「へなちょこ」なかわいさが、何かに使えないかしら、ととっさに思いました。

テレビの世論調査では、アメリカのイラク攻撃に反対が七割以上と伝えていました。でも、日本の平和デモの参加人数は五千人。ローマでは百万人、パリ二十万人、ロンドン五十万人。いったいこの差はどうしたことだろう。

学生時代からの付き合いのある、ニュースキャスターの下村健一さんがテレビで街行く人にインタビューしていました。「なぜ平和デモに行かないのですか」。おばさんたちは照れて笑いながら答えていました。「だって、誘われていないんだもの」。

そうか、誘われてないから行かないんだ。ということは、誘われれば行く、ということですよね。なら、「ぬりえ」でお誘いしよう。「これに、色をぬって、持ってきてください。プラカードになります、みたいなのはどうか」と言うと、すかさず曾慶タカが「じゃあ、作り方の図解イラストが下についていたほうがいいね、すぐにイラスト描かなくちゃ」。

こうして、平和デモ・プラカードの下絵を八百六十万部印刷して日本中に配布し、これ持ってきてね、とかわいくお願いしちゃう、戦争反対のチャーミングな新聞広告ができました。

しくみとしては、朝起きて新聞を開く↓ぬりえピース・プラカードが「私を塗って平和デモ会場に持ってきてね」とお誘いする↓ついつい試しに塗り始める、あるいは子どもたちに塗らせてみる↓やりはじめると結構夢中になって力作ができてしまう↓せっかく作ったのだから、もったいない、みんなにも見せたい、ほかの人がどんな風に塗ったのかも見たい、そこで平和デモに行ってみることにする↓手ぶらだと、行きづらいけど、このぬりえピース・プラカードを持っていると、なんとなく心強く感じる↓来る人が増えるという作戦です。

「ぬりえピースプラカード」新聞広告（グリーンピース・ジャパン、朝日新聞2003年3月3日）

実際ピース・パレードの人数は、当初の五千人から五万人へと十倍に増加しました。

私は平和デモの当日、朝から晩まで、ぬりえプラカードとそれを持ってきている人の写真を撮り続けました。面白かったのは「写真を撮らせてください」と頼むと、ピース・プラカードを自分の顔の前に掲げてにっこりとポーズをとる人がほとんどだったことです。ピース・プラカードというより、自分と自分の作品としてのプラカードとの記念撮影、というつもりなのでしょう。これは私にとって衝撃的でした。

平和デモというと、それまではプラカードに鉢巻姿でこぶしを突き上げるイメージがありました。それをはたで見るほうには、「でも、そんなことしたって何にもならないのじゃないかしら」というあきらめがうっすら広がってしまいます。でも、ここでは、みんな平和を望む自分の表現を楽しみ、自慢にすらしている。

親子で参加した人も多くて、なぜ来たのかという問いに「〝あの日、どこにいたの、ママ?〟って聞かれて答えに詰まるのはいやだったから」と答えたお母さんがいました。本来デモは、このお母さんのように、良識ある大人のつとめとして、ごく自然に自分の意志を表現する手段のひとつなのです。整ったデモは大人の権利なのです。

首相官邸は「一部の特殊な人たちではない、一般の人が参加したデモの署名」として、戦後初めて、平和デモの署名を受け取りました。グリーンピースの人いわく「これは大変なことなのです」。

それでも、私たちは、米軍のイラク攻撃を止めることはできませんでしたが、民主主義の手応えを感じることはできました。みんな平和デモが嫌いなわけじゃない。イラクを攻撃しないで、と自分が思ったことを非暴力で表現することは、みんな結構好きなはず。ぬりえというと、まるでもう表現力が制限されているように感じる人もいますが、実際は逆でした。みんなプラカードを掲げながら楽しそうに歩いていて、私ははじめて日本の市民力を実感しました。

ピースプラカードを掲げてデモ行進する人々
(2003年3月8日) ©Greenpeace/Imai

日本はすばらしい国だ。そして、もっといい方向へ進んでいくに違いない。私は日本の市民表現の可能性と、市民社会の可能性の両方を、この一日で確信しました。広告には、まだこんな力が隠されていたのです。その後、この広告は広告準電通賞を受賞しました。

ありあけ大調査

話が前後しますが、二〇〇〇年五月ごろ、日本自然保護協会から相談を受けました。調査の名前をどうつけたらいいのか、ちょっと相談したいのだと言います。行ってみると、気の遠くなるような名前がそこには書いてありました。

「市民と漁民と学者がすすめる有明海貧酸素《ひんさんそ》水塊《すいかい》ボランティア調査……」。

九州の有明海の一部である長崎の「諫早《いさはや》湾の干拓事業」のための調査でした。「諫早湾の干拓事業」は、一九八九年より工事が始まりました。一九九七年に諫早湾の三分の一が「潮受け堤防」によって閉め切られたために、広大な有明海全体の海洋生態系が崩れ、漁業や海苔養殖業に悪影響が出ています。さらに、農水省のアカウンタビリティ（説明責任）が膠着《こうちゃく》していて、いまだ問題の改善の糸口さえも提示できていないと言われている、日本最大の「見直せなかった」公共事業にして、日本最大の環境問題です。

その膠着状態を突破するため、市民と漁民の協力を得て、生態系悪化と干拓事業の関連性を、日本自然保護協会の中立的な独自調査で明らかにしよう、というのが今回の調査の趣旨でした。

漁師のおじさんたちも本当に困っていて、なかには貝がまったく採れなくなったことに絶望して、家族をおいて、捨てられない使い古された道具一式を抱え入水自殺してしまった漁師さんもいるのだとか。だから今回、例外的に学者に協力してでも、早く科学的事実を明らかにして、この苦しい状況から抜け出したい、と思っているとのことでした。

貧酸素水塊というのは海洋科学の専門用語で、酸素の少ない水のかたまりのことです。赤潮などと同じく、魚がとれなくなるので、漁師には恐れられています。それが有明海にひそかに発生しているのではないか、というのがそもそもこの調査の発端でした。

わたしはしつこく、「なんでこんなに難しい名前なのか」ということを二時間ほどかけて聞き、じゃあ「ありあけ大調査」はどうかと言うと、担当者は絶句、「そんなあ」と言ったまま黙ってしまいました。

「僕の理解の範囲を超えていて、さっぱりわからない、まったく判断できない」と言うのです。そこでさらに、どうして、とても一息では発音できないような長い名前、記憶しにくい名前が、市民や漁民という一般の人たちを巻き込む運動の名前としては不向きであるかということを説明。最終的に担当者は「判断できないけれど、まかせます」と言ってくれました。

数日後、なにげなく見ていた朝のニュースで、「九州で、ありあけ大調査が始まりました」と言っているのを聞きました。もう使われているのか！　とそのスピードにびっくりしつつ、やっぱり「ありあけ大調査」にしてよかった、難しい名前だったら、こうやって私が気がつくこともなかったかもしれない、と胸を撫《な》で下ろしました。日本自然保護協会の会議室で、わからないと言い張って、あれだけがんばった担当の若いスタッフが、最終的にあの名前を採用してくれてほんとうによかった。その英断に拍手を送りたい気持ちでいっぱいでした。

宝の海をとりもどすには

それから三年後の二〇〇三年三月ごろ、ふたたび同じスタッフから連絡があり、ほんとうに少しだけど予算が取れそうなので、「ありあけ大調査」で得られた有明海諫早湾干拓事業の科学的事実を広く知らせる教育ビデオを作ってくれないか、という依頼がありました。

複雑で説明困難、理解困難、解決困難だと思い込まれている、有明海の生態系と干拓事業の関係。それを平易で簡素に表現するのはもちろんのこと、それに加えて、何度も見てもらえるアイディアはないか。

なにせ相手は、日本最大の環境問題です。全然関係のないところでも話題になってしまうような仕掛けができないものか。ただ流しているだけでも気持ちのいいミュージック・クリップのような教育ビデオはできないものか。

当時、ダンナがミュージック・クリップの大御所、信藤三雄さんと仕事をしていたこともあって、紹介してもらうことになりました。

その日、信藤さんにありあけ・いさはやのニュース番組をダイジェストして見せるため、時間に遅れた私が勢いよく会議室に飛び込むと、仁王立ちして泣いている信藤さんがいました。「いったい、なにごと?」。早めに来た彼は、先に用意された放送済みニュース素材を見ていたのですが、あまりの憤りに泣いてしまい、「ひどい」を繰り返すばかり。私は責任の重さを噛み締めました。

その日から怒濤《どとう》のビデオ制作に突入します。ディレクター/プロデューサーは乾弘明さん。日本自然保護協会にも信頼され、環境NGOにもくわしい人です。その乾さんの力を借り、使える限りのありあけ・いさはや関係の映像を、現地で活動している岩永勝敏さんという著名な映画監督に貸してもらい、信藤さんの自宅をスタジオ代わりにし、そこにマックを運び込み、みんなで床やソファに寝泊まりして、編集作業をしました。

曲は、もしかしたら作ってくれるかもしれないから頼んでみようということで、信藤三雄さんから音楽プロデューサーの小林武史さんにお願いしていただきました。でもそれもどうなるかはまったく確証なし。

ある日、信藤さんから電話で「急で悪いんだけど、いますぐ来られる?」と呼び出され、指定されたスタジオに飛んでいくと、レコーディングがちょうど終わったところでした。諫早の干潟を干拓するという人間の行いと、そのころテレビで繰り返し流されていたイラク戦争の映像がオーバーラップしたことから曲ができたと言って、小林さんが聞かせてくれた曲の名は「砂」(そのときは無題、あとで名前ができました)。ヴォーカルは聖なる歌声のsalyuさん。悲痛さと希望の両方が表現されています。

ナレーションはもりばやしみほさんにお願いしました。キュートな声でありながら、淡々と理性的に科学的根拠を明らかにしていき、最後には「宝の海をとりもどすには、潮受け堤防を開けるしか、ないのです」と具体案をメッセージ。このメロディと歌声とナレーションが、責めるのではない、ぎりぎりの希望という表現基調になりました。

もりばやしみほさんは、hi-posiのヴォーカリスト。九州は長崎の生まれ育ちで、子どものときから身体が弱く、抗生剤をよく飲んでいたら、自己治癒力の弱いカラダになってしまい、心の底から健康になりたくて、環境の情報に詳しいという人です。ありあけ・いさはやの干潟には、地元の人でさえ「潟《がた》くさいから」とあまり行かない、自分も行ったことがない、と言うので、二〇〇三年六月、長崎のホールでの完成上映会を見に行きがてら、干潟にも行こうと提案しました。

会場には調査に参加したボランティアの人たちかなと思われる若い人たち、弁護士さんたち、漁師のおじさんおばさんたち。上映が終わると、みんな泣いていました。

「こんなにゆたかな海だったのに。潮受け堤防を閉めてからまだ六年しか経っていないのに。自分は忘れてしまっている」

そう言って泣いている人が多かった。胸が痛みます。

「ありあけ・いさはや　宝の海のメカニズム」ビデオ（日本自然保護協会、2003年6月）

ジュゴンを知っていますか？

二〇〇三年春。日本自然保護協会の吉田正人さんから、沖縄でジュゴンが絶滅の危機にあるから力を貸してほしい、と連絡がありました。

話を聞いてみると、オーストラリアでは繁殖に成功し、数も増え始め、百頭もの親子ジュゴンの群れが泳いでいるのに、日本ではまだまだ研究も進んでおらず、何頭いるのかも正確にはわかっていない。どうやら沖縄沿岸に五〜五十頭いるらしいけど、現地では、まだいたんだ、という程度の認識。ちなみに沖縄のジュゴンは地球上でも「北限のジュゴン」で、もしここで絶滅してしまったら、ジュゴンの生息地の北限がいっきに下がることになる。

日本自然保護協会の希望は、ジュゴンの写真を撮影するカメラ気球百五十万円のための寄付を募るパンフレット作りをしたい、ということでした。なぜカメラ気球がほしいかというと、沖縄の辺野古《へのこ》でえさを食べているジュゴンの写真はこれまで撮影されていない。もしこの写真が撮影できれば、世界的なニュースになる。アメリカでも、ジュゴンは希少動物だと認識されている。日本にある米軍基地の移転が原因で、日本のジュゴンが絶滅するかもしれない、というニュースはアメリカの世論にも火をつけるかもしれない。そのために、写真を撮るカメラ気球が必要だ、と言います。グライダー、ダイバーカメラマン、ケーブルカメラといろいろな可能性も考えたけれど、ジュゴンの生態を邪魔せず、かつコストパフォーマンスのよい方法がカメラ気球だったのです。

話題になっている米軍普天間基地の移動先は、ジュゴンの残された数少ないえさ場である辺野古。しかも、土台のかわりにサンゴ礁の上に二・五キロメートルものコンクリートの滑走路を乗せる計画になっていて、それではジュゴンがサンゴ礁の内側のえさ場に入るための出入り口を塞いでしまう。さらに自然保護関係者ではない米軍サイドの人からも、別に海の上でなくて、陸の上の滑走路でもいいじゃないか、という意見も出ているらしい。

つまり、まとめて話を聞いてみると、別にあえてジュゴンを絶滅の危機にさらさなくとも基地の移転はできる、という話なのです。なのに、みんな冷静に聞いてくれないし、表立った全国ニュースにもなっていない。沖縄ではもう何年も前から、座り込みをしているというのに。沖縄の基地問題とからまってしまって、どうもジュゴンや海洋生態系の話にならないらしい。全然知りませんでした。

実際に沖縄に行って、辺野古のジュゴン小屋で有名な嘉陽のおじいさんの話を聞いたり、別の場所でたまたま同席した琉球テレビのキャスターに、ジュゴンと辺野古のニュースはあまり取り上げないのですか、とさりげなく聞いたりしてみました。「とんでもない、もう沖縄の人もうんざりするくらい取り上げていますよ」。ローカルニュースはもう飽和状態なのに、なかなか全国ニュースにはならない、という地域格差を感じました。

試しに東京でまわりの人に話してみると、「へー、ジュゴンって日本にいたの、びっくり」という反応はまだましで、「ジュゴンって食べ物の名前だっけ」、あげくのはては写真を見て、「えっ、これって本当に自然界にいる生き物なの、作り物でしょ」という人までいる始末でした。東京都民のジュゴン・リテラシーはかなり低かったのです。

日本自然保護協会の希望どおりにパンフレットを作ったとして、どこに配るのかと聞くと、会員に送る、と言います。日本自然保護協会の会員はとても協力的なので、これまではこうやって、いろいろな緊急支援を募ってきたそうです。「百五十万円もたぶん集まります」。

でも、それだと会員にしか、その問題は知られません。たしかに効率はいいけれど、でも本当の目的がみんなにジュゴンのことを知ってもらって、世論を動かすことにあるのなら、多少効率は悪くても、世論に訴えながらお金を集める方法はないのだろうか、と考えていました。

Tシャツでジュゴンを救う

五月のはじめに、アート・ディレクターの野田凪さんから電話がかかってきました。前回会ったときに、海洋大型動物が好きだというので、日本自然保護協会のジュゴンの件を話していたのです。

野田凪さんが言うには、八月二日から十七日までラフォーレミュージアム原宿でジュゴン展ができないか、Tシャツのアート展にして、著名人に作品を作ってもらって、それを売って寄付しよう、ということでした。いいアイディアですが、準備も告知もぜんぶ含めてオープンまでに三ヵ月もありません。まさに冒険です。何が起こるか予測不可能でしたが、後に引くわけにもいきません。まるで恐いもの見たさのように、作業に突入していきました。

当時アウトドア用品メーカーのパタゴニアから、ジュゴンを守るんだったらTシャツをあげてもいいと言われていたので、まず、それをくださいと頼みました。広報の篠さんから電話があり、開口一番「四百四十四枚です」。そこでタイトルは、原宿ラフォーレ「444ジュゴンチェーンアクションTシャツ」展としました。

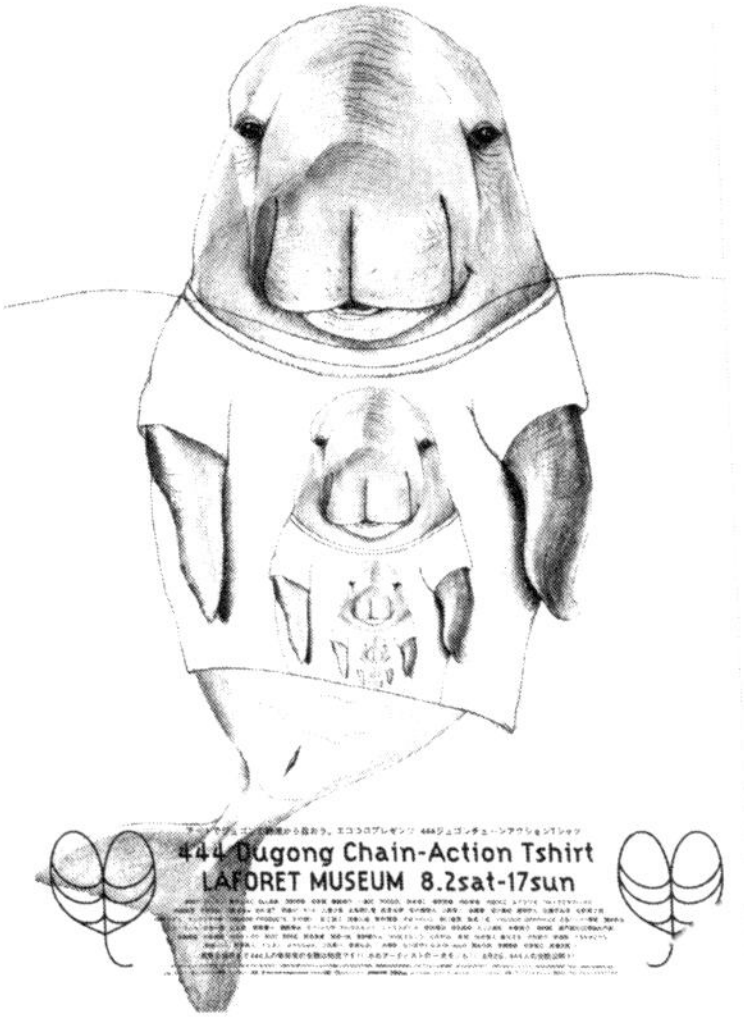

「444ジュゴンチェーンアクションTシャツ展」ポスター（日本自然保護協会、2003年8月2日～8月17日）

　オリジナルの段ボールを作り、それにシルクスクリーン印刷でエコココロマークをプリントし、段ボール箱の内側にTシャツを直にホチキスでとめ、箱を開くと、マニュアルとTシャツが出てくるという仕掛けです。最初は四十人のひとにその段ボールを送り、一枚とって次のひとに送り、そのひとも一枚とってまた次のひとに送る。そしてそれぞれTシャツを加工して、返信用の封筒に入れて送り返してもらう。最後のひとは段ボールごと送り返してもらう。その返ってきたボロボロの段ボールをディスプレイに使おう、というアイディアでした。

トークショーも開こう、DJも呼ぼう、オープニング・パーティもないとだめだろう、ともう考えながら走っている状態でした。佐川急便渋谷支店にも、ジュゴン展関連の荷物配送を環境保護支援ということで協力してもらいました。

トークショーには吉田正人さんはもちろんのこと、国内でジュゴンを飼育している鳥羽水族館の杉本幹さん、WWFジャパンの花輪伸一さん、キャスターの下村健一さん、タレントの岡田美里さん、日本獣医畜産大学の羽山伸一さん、歌手のサンプラザ中野さんなど、詳しい方、詳しくない方、両方に出演してもらいました。

杉本さんとの打ち合わせのときに、うちにジュゴンの作り物がありますよ、というので、借りられますかと聞くと、壊さないでくれるならいいですよ、とのこと。急いで二トントラックを借り、そんな大きな車は運転したこともないのに、ひとりで鳥羽まで取りに行って、終わったら、返してきました。途中、居眠り運転をしそうになって、あわててイ

470枚を超えるジュゴンTシャツが展示された会場

ンターチェンジの駐車場でトラックに混じって寝たり、途中のガソリンスタンドのおばさんに、あんた、ほんとにこのトラックでひとりで来たの！　とあきれられもしました。

いろいろ不備もあったでしょうし、いったいなんだろうと思ったひともたくさんいたとは思いますが、八月二日の午後六時からのオープニング・パーティには三百人以上が集まり大盛況でした。せっかくTシャツを作ってくれたのに、住所がわからなくて招待状を届けられなかった方には本当に申し訳ないことをしました。段ボールを送り始めたころは、オープニング・パーティのことまで頭がまわっておらず、マニュアルに招待状の送り先を書いてください、と書き入れてなかったのです。

この年は、ちょうどサステナで、お茶の水女子大の坂本佳鶴恵先生の指導のもと、インターンシップが始まった年でもありました。二十八人のインターンのみなさんの力がなかったら、このイベントは達成できなかったと思います。

アーティストのみなさんが作ってくれたTシャツは四百七十枚以上（なぜか増えていました）、売れたTシャツは三百二十一枚、来場者数二千三百十五人にのぼります。東京新聞にカラー記事が掲載され、テレビにも露出し、百三十三万二千二百五十九円をジュゴン撮影用カメラ気球資金として寄付することができました。みなさん、どうもありがとうございました。

自発的で公共的な人たち

振り返れば、オランダでクラッカーたちに出会い、日本自然保護協会に出会い、サステナを立ち上げ、魅力的な人たちに次から次へと出会い、頼まれるたびに試行錯誤をしながら無我夢中で走りつづけてきました。そのなかで、世の中に代替案を提案するため、自発的に公共的な活動をしている人が意外に多くいて、それを支える人もまたたくさんいる、ということを発見しました。

けれど、そうした人たちは、必ずしも社会から報いられているとは限りませんでした。せっかくいいことをしようと思ってやっているのに、誤解されていたり、うさんくさいと思われていたり。それはエコシフトのためにも、非常にもったいない。社会の損失です。

環境問題は、政府や企業が環境負荷を与える主体になっていることも多いので、利害関係が中立な活動勢力がどうしても必要です。その活動勢力、大きくくくれば、草の根のNGO的な活動をしている人たちが、なぜ私たちの社会にとって大切なのか、次の章で説明していきたいと思います。

第3章　エコシフトにNGOは欠かせない

環境問題を発見するのは誰か

「公共」を考えるのが、政治の始まりです。日本で政治というと、「政党活動」を思い浮かべる人が多いようですが、いまある政党活動や政治資金のしくみは後天的なもので、純粋な政治とはかなり違ってきています。政党の利害を超越した（とみんなが心から納得できる）政治の話ができる場が、これからますます必要になってきます。

環境問題は、国境を越え、企業や政党の想定範囲を越え、決算年度を越え、テレビの取材力を越え、長期的に、広範囲にわたって私たちの生活に影響を与えることがらです。NGOは、政党の利害を越えた政治的な話、人類の存在価値や幸福やエコシフトを話し合うための場を作っています。それは時代の要請と言えるでしょう。

これまで環境問題の発見は、NGO（自発的公共心を持った草の根の人、という広い意味で）の独壇場だったと言っても過言ではありません。一九六二年に『沈黙の春』を書いたレイチェル・カーソンは、二十五歳で海洋生物学修士号を取得し、米国内務省・魚類野生生物局に勤務していましたが、一九五二年に退職した後は生涯市井の人でした。

環境ホルモン警告の書『奪われし未来』を書いたシーア・コルボーンは、薬剤師のかたわら環境問題に強い関心を持ち、五十一歳で大学院に入学、五十八歳で動物学博士号を取得、六十二歳でＷＷＦの研究員になった活動家です。

いまやイギリスの自然環境を支える一大勢力となったナショナルトラスト協会も、もとは『ピーターラビットのおはなし』でよく知られるビアトリクス・ポターやその友人など、地方名士が始めた草の根活動でした。核実験の被害も、ジュゴンやイヌワシやクマタカの絶滅の危機も、米国では温暖化でさえ、その情報発信の主体は草の根活動をする市井の人、広い意味でのＮＧＯ活動家なのです。

ＮＧＯとは何か

この本で繰り返し登場するＮＧＯという言葉を、ここでおさらいしておきたいと思います。あえて詳しく語るのは、ＮＧＯの存在抜きにしてはエコシフトは進まないからです。それほど重要な役割を担っています。

ＮＧＯはNon Governmental Organizationの略で、そのまま訳せば非政府組織、いわゆる民間団体、市民団体のことです。「非政府」という字が、なんとなく「反体制」をイメージさせるからか、勘違いされることがよくありますが、別に政府にたてつく組織、という意味ではありません。

政府ではないけれど政府のような働きをする組織、といってもいいと思います。つまり、本来は政府がやるような公益性の高いサービスなのだけれど、これまでの経緯から政府には無理な仕事、政府の中で利害関係が生まれてしまっていて客観的な判断ができない、あるいはできないのではないかと国民に疑われている仕事、議会で合意するのを待っていられない仕事をしているのがNGOです。

国の上位概念である国連と親和性が高く、多くの大規模NGOや活動歴の長いNGOが、国連と連携をとっています。国連とコラボレーションすることで、特定の国益を超えた〝人類益〟を考えていこう、そうしなければ地球の未来はない、という考え方が第二次大戦以降、だんだん太い流れになってきました。

シンクグローバリー・アクトローカリー

似たような言葉にNPOというのがあります。NPOはNon Profit Organizationの略で、非営利組織。NGOとはどこがちがうのでしょうか?

日本のNPO法はもともとNGO法として提案されていたという話を、NGOアガペハウス代表のケン・ジョセフさんから聞きました。ところが日本では、「非政府」という言葉の響きがどうしてもいやだ、と行政サイドの強い抵抗にあってしまいました。NGOだったら法律として成立しないとまで言われ、「NGO:非政府」から「NPO:非営利」

になったそうです。典型的なイメージ優先の日本語訳問題ですが、海外のＮＧＯのひとたちから不思議に思われるエピソードのひとつです。

以前、テレビで「国際的に活動するのがＮＧＯで、国内で活動するのがＮＰＯ」と説明していて、びっくりしたことがあります。ＮＧＯとＮＰＯは国内、国外と棲み分けているわけではありません。基本的にＮＧＯもＮＰＯも同じなのです。

ＮＧＯやＮＰＯに国境はなく、ＮＧＯとＮＰＯの間にも垣根はありません。けれど日本ではまだ、あまりにも海外のＮＧＯと国内のＮＧＯの財政規模の差が目につくために、さまざまな誤解が生じます。たとえば外資企業の日本支社のように、本社の予算規模は大きいけれど、支社の予算規模が小さいので、本社になんとかいえば予算がつくかな、という誤解です。発祥母体のＮＧＯから同じ趣旨と名前を受け継いだ後発のＮＧＯへ資金が提供されることは、もちろんあります。けれども多くの場合、ＮＧＯはヒエラルキーよりも民主主義、市民という考えに則《のっと》っているので、組織図はフラットに近く、特にローカルの多様性を尊重します。

「シンクグローバリー・アクトローカリー（Think globally, Act locally：地球規模で考え、地域で活動する）」という合い言葉は、ＮＧＯや国連やサミットのさまざまな局面で投げかけられる言葉です。それは資金力の違いはあっても、「海外のほうが偉くて国内のほうはたいしたことない」ということではなく、「現地をよく知る人を重視し、適材適所で効率よくやっていく」という意味でもあります。

ゴミ処理施設など環境を劣化させる設備は、情報が過疎の地域に「しわ寄せ」されます。地域は自分たちがしわ寄せされないように、注意しなくてはなりません。そのためにも、「シンクグローバリー・アクトローカリー」を大事にして、日本の民主主義を、自分たちで豊かにしていこうとしなければなりません。

アメリカのNGOの規模

ヨーロッパではあまりNPOという言い方は使われず、ほとんどの場合NGOです（このごろはCSO〔Civil Society Organization〕とも言うようです）。アメリカではNPOと呼ぶこともよくありますが、それは、NGOがふつうの大企業とおなじような巨大な経済主体として活動するアメリカならではの事情によるものです。

アメリカは豊かで長いNGO文化の歴史をもつ国です。非常に多くの民間団体が活動し、税制的にも優遇されています。アメリカが、「民間団体が教会を作り、学校を作り、病院を作った。そして最後に政府を作った」と言われるゆえんです。そんないきさつがあるので、NGOはとても大きな財政規模を誇っています。

たとえば、貧困問題を解消するための自立経済の振興が目的で、貧困国や被災地やアメリカ国内にボランティアの力を借りながら住宅を建てる「ハビタット・フォー・ヒューマニティ」というNGOがあります。三十年の歴史をもつアメリカ生まれのNGOですが、その年間予算規模はアメリカ国内だけでいまや二千億円。世界百ヵ国に拠点を持ち、細やかなコミュニティづくりを広げようと活動しています。

日本の支部は二〇〇六年にデビューしたばかりですが、アメリカ国内ではレッドクロス（赤十字）やユニセフ、スターバックスよりも高いブランド力を誇り、夏休みの学生ボランティアの定番になっています。協力企業も多く、シティバンクやダウケミカルなどが大口の寄付と人的な援助をしています。企業以上の経済力をダイナミックに動かしているNGOが、アメリカには存在しているのです。

そんな状況ですから、NPO（非営利組織）と呼ぶことで、その公益的な趣旨や目的の違いを企業と差別化し、理解を求める必要性が生じたのは当然だと言えます。ちなみに、日本でもっとも豊かな予算規模をもつNGOのひとつ、財団法人日本フォスター・プラン協会の年間予算は約四十億円（二〇〇六年度）です。

公共サービスのインディーズとメジャー

日本は公共の仕事は「お上」のやること、という考えが根強い国です。でも、そう決めつけず、もっと柔軟に考えることで、現実社会に即したサービスが可能になります。私は、パブリック（公共）のサービスには、インディーズとメジャーのふたつのタイプがあってもいいのではないかと思います。インディーズはNGO、民間団体、市民団体。メジャーは行政。

音楽業界と一緒で、メジャーだけでは業界が活性化しません。公共サービスのメジャーは税金でまかなわれていますが、公共サービスのインディーズはみなさんの寄付で成り立っています。その分、インディーズのほうは自由度が高く、身軽でスピーディに物事に対処できます。メジャーは決裁に時間がかかります。スピーディにパブリック・サービスが必要だと思う人はインディーズにお金を払って、サービスをしてもらいます。

でも本来、メジャーに時間がかかる、というのは損失です。機会を逃しているわけですから。人々がどのような公共サービスを求めているか調べる調査を、もっと頻繁に行ってもいいのではないでしょうか。さらに言えば、調査のコストを削減する意味で、人々のほうから政府や政治家に「私たちはこういう公共サービスを求めます」とはっきり意思表示をしたほうが、効率がよいと思います。ほんとうに民主主義ってめんどうくさいのですが、当面はこれがベストの政治システムということになっているので、とことんやるしか仕方ありません。

めんどうくさいことは覚悟のうえでしっかり運営していかないと、見せかけだけの民主主義は独裁制や封建制よりもたちが悪くなってしまいます。

公《おおやけ》という言葉が一般の人の意識のうえで「官」に独占されていると、政府の公共サービスが硬直化する可能性が高くなります。けれど公共事業、公益性の高い財団法人、公共施設、官公庁、私人と公人、公務員などの言葉を見てみると、パブリック（みんなのためになること）とガバメンタル（政府や行政のこと）とプライベート（個人的なこと）の区別が曖昧です。ガバメンタルだからといってパブリックだとは限らない、政府系組織だからといって公共性が高いとは限らないのです。もし、その既成概念に囚われているとしたら、そこから抜けるためには「現政府は必ずしも公共性と一致しない」と考えることが必要です。

草の根

草が根を張るように、人から人へと伝えていこう、という活動を「草の根活動」と言います。その特徴は、上意下達の階層性を重んじる情報系統ではなく、情報の発信者が優位性を維持しないことにあります。これはネットワーク型とも呼ばれ、NGO活動の基本です。民主主義社会が到来したから可能になった情報系統と言えるかもしれません。

日本に民主主義思想を広めた人と言えば、福沢諭吉を思い出します。「天は人の上に人を作らず、人の下に人を作らず」という福沢諭吉の考えは、当時の日本に大きな衝撃を与えました。すばらしい既成概念の突破だったと思います。民主主義的国家論『学問のすゝめ』（一八七二年）は大ベストセラーになりました。当時、学問が一部の人（おもに男子）に限られ、多くの本が一部の人にしか通用しない難しい言葉で書かれていたのに、この本は、それまで本を買ったことのない女性にも読めるやさしい言葉で書かれていました。

この示唆に富むエピソードに、私は大きく影響されました。環境問題を解決するためにも、民主主義を成熟させるためにも、日本の草の根活動をやさしい言葉で社会に根付かせていくことは大切な仕事だよ、そう福沢諭吉に言われている気がするのです。

民主主義と時間差

民主主義の基本は主権在民です。政策を決める権利が「主権」。その「主権」がひとりひとりの選挙権を持つ人に在るというのが、「主権」「在民」の意味です。そのうえで、ひとりひとりの意向を汲み取り、それを足し上げ、話し合い、みんなの合意として、どんなことに税金を使っていくのかを決めるのが、政策決定のプロセスです。この過程をきちんと抜かりなく進めていくことが統治（ガバナンス）であって、ガバメント（政府）というのは、この行程をうまくいくように責任をもって進める担当だと思います。

みんなの信任の総計が政府ですが、これだけ社会の変化のスピードが早くなり、社会が直面する課題がどんどん出現し、次々に主権者が判断を下さなければならなくなってくると、政府と主権者の判断の間に時間差が生じます。

税金は公式に合意がとれた用途に使われますが、合意まで到達していないけれど、支援者・支持者が多くいる案件については、必要性を感じている人たちが私費を集め、それを税金の代わりにして、時間差を埋めるために活動します。つまりメジャー（行政）として公益性が公認されるまでの過程にあるのがNGO活動、とも言えます。

多くのNGOの営みは、社会に必要とされる公益性を補正しています。究極的に情報が高度化し、選挙技術が高度に高まり、問題の発生と解決案の提示と判断とその集計とその結果の満足度にズレが生じなくなれば（書いていてそんなことは現実的に無理かも、いや理論的にだって成立しないかも、と思うのですが）、NGOと政府は一致していくのでしょう。健全に民主主義が機能するためには、情報技術が常に社会から進化することが求められます。

逆に言えば、NGOと政府が長い間並走しているのは、民主主義が正常に機能していない、あるいは政治の流れがとても緩慢な社会というしるしなのかもしれません。

理想主義の血塗られた過去

ＮＧＯの活動が急速に世界で評価されつつあったころ、日本では、市民運動や社会貢献、社会問題に取り組もうとする活動すべてに、六〇年安保、七〇年安保と敗北した学生運動の影が落ちていました。

なかでも、あさま山荘事件（一九七二年）がテレビで生中継されたことは社会に大きな動揺を与えました。最近ようやくその歴史が話されるようになりましたが、九〇年代まではまだまだ情報も少なく、平静に語れる人もあまりいませんでした。理想に走った結果として起こった悲劇が全国に実況中継され、その反動として人々は「政治的」「運動」「理想主義的」「イデオロギー」という言葉に血の気配を感じるようになりました。市民運動が血塗られてしまったのです。

ＮＧＯや市民運動には「非暴力」という合い言葉があります。インド独立の父、マハトマ・ガンジーが提唱し、植民地解放運動、公民権運動、人権運動に大きな影響を与えた、社会変革運動における「非暴力、不服従」の手法のことです。ガンジーは、戦争や暴力なしに社会を変革することは不可能だ、という既成概念に対して、いいや可能だ、と証明してみせようとしました。

たとえばそれ以前のアメリカ独立やフランス革命のときは、独立戦争や粛正が起こり、たくさんの人命が失われました。とくにフランス革命のギロチンは、公開処刑のシンボルとして、その残虐さが多くの人の意識に焼き付けられました。また、マルクスとエンゲルスの『共産党宣言』には、「共産主義者は、これまでのいっさいの社会秩序を強力的に転覆することによってのみ自己の目的が達成されることを公然と宣言する」という一文があります。これは、社会変革には暴力がつきものだ、社会変革の場では暴力が許される、という認識の根拠になりました。

でも、暴力を嫌悪する人は、こう考えるでしょう。いくら崇高な理念があったとしても、暴力なしに変革できないのなら、変革なんかしないほうがましだ、と。みんなを巻き込んで社会を変えるには、変革にまとわりついた暴力のイメージを消さなければなりません。それが、このごろの市民運動で、かわいい表現が好まれる理由ではないかと思います。

ガンジーはそれまで知識人主導だったインドの民族運動を、大衆運動にした人としても知られています。ガンジーがとった手法は不買運動と断食（ハンガーストライキ）でした。暴力からもっとも遠く、もっとも効果的だと考えたのでしょう。ガンジーが現代に生きていたら、どんな方法で大衆運動を組み立てるのか、興味が尽きません。

先日、立教大学の中村陽一教授から、「フラワー・ムーブメント(銃より花を、という平和運動)は日本のべ平連から始まったのかもしれないんだよ」というとても興味深い話を聞きました。べ平連の正式名称は「ベトナムに平和を!市民連合」。一九六五年に結成され、米軍のベトナムからの即時撤退を求めて、非暴力を花にシンボライズし、「銃より花」を合い言葉にチャーミング・アプローチな運動を展開しました。

おなじようなことを、玄亀阿仁磨《げんきあにま》さんという画家であり映像作家の方からも聞いたことがあります。「僕がカナダに会社から留学していたときに作った『フラワー』というショートフィルムから、フラワー・ムーブメントが始まったんだよ」。

かわいいものが好きな日本人は、昔から社会運動をかわいくしていく才能があったようです。アメリカの西海岸が発祥の地と思われている反戦運動のチャーミングな手法も、実は日本が発祥の地かもしれない。でも日本では市民運動がそのあとすぐに血塗られてしまったので、それが日本産だとわからなくなってしまったのかもしれません。これからもっとシビアな社会問題をチャーミングな表現で解決していく手法と技術を高めていけば、日本は世界の中で独自の貢献ができる国になれるかもしれません。

財団法人はうさんくさい？

前章で紹介した日本自然保護協会が設立されたのは一九四九年。ＩＵＣＮ（国際自然保護連合）が設立されたのはその前年のことです。日本自然保護協会は世界の自然保護ＮＧＯの中でも先駆的存在と言えます（ＩＵＣＮ日本委員会事務局は日本自然保護協会のなかにある）。

その当時の世界には、一八九二年設立のシエラクラブ（アメリカ。オイル流出の際に適切な対処を怠ったとして米国内務省など行政を相手に訴訟を起こしている）と、一八九五年設立のナショナルトラスト（イギリス。会員数三百四十万人、全国民の5・6％、常勤職員四千三百人、二十四万八千ヘクタールの土地を所有）、一九三六年設立のナショナル・ワイルドライフ・フェデレーション（アメリカ自然保護連盟。会員六百万人、年間予算百八十七億円）と、一八八六年設立の野鳥の保護活動で有名なオーデュボン協会（会員五十五万人）ぐらいしかありませんでした。グリーンピース（一九七一年設立。全世界の会員数二百九十万人）や、パンダのマークで有名なＷＷＦ（世界自然保護基金。一九六一年設立。米国の会員百万人以上）もまだ始まっていませんでした。

そのころ日本では、公益性が高い団体に法人格を認め、「財団法人」とする制度がスタートしました。日本自然保護協会はかなり初期のころの登録です。今では財団法人が乱立し、NGOも外郭団体も混ざっているので、というより、割合で見るとほとんどが外郭団体になってしまって、何をやっているのかわからない、うさんくさい団体と見られることも多くなってしまいました。特殊法人と字が少し似ていることも一因かもしれません。

けれど、この制度は、決してうさんくさい団体を増やそうとしていたのではなく、民主主義を成熟させるため、民間団体や市民団体を支援するためのしくみとして設計されたものです。どんな優れた制度でも、運用をちゃんと見届けていないと、やがて曲がってしまうという好例なのかもしれません。

アメリカでNGO文化が花咲き、社会の補正力として機能しているのを見ると（まだ足りないという気もしますが）、日本のNGOとアメリカのNGOの力の差のひとつは、この財団法人登録の運用方法に起因しているように思います。いずれにしろ、NGOをめぐる法律をもっと民主主義の力を生かす方向へ、リサイクル、再生する時期がきています。

天下りなし

財団法人日本自然保護協会は、この「財団法人」と「日本」「自然保護」「協会」の組み合わせで、メジャー感を最大限に発揮した名前を選択しています。初期の頃はそのメリットも大きかったはずです。前述したように、その前の名前が尾瀬保存期成同盟ですから。

尾瀬保存期成同盟という名前は、小さいけれど目標達成のために強く団結した組織、という印象を人に与えます。小さくて強くてちょうどいい。それが大きくなるとちょっとこわい。そんな印象の名前です。だから尾瀬の運動が一段落して、名前を変えるとき、強さよりも広さを重視した、ニュートラルで一般的な単語を選択したのではないかと推測します。

けれどその後、公益性の高いNGOが他ジャンルでもどんどん財団法人として登録されるはずの予定がそうならず、そのかわり行政からの天下りを頂く組織がたくさん財団法人として登録されました。「財団法人」は当初のイメージから少しずつずれていったのです。

さらに行政改革が話題になり、社会の公益性と違うところから派生した特殊法人の不祥事がテレビで報道されるにいたって、世間は「公益性」自体に疑問の目を向けるようになりました。それは厳密に言うと、行政が言うところの公益性に対する疑問でしたが、そのとばっちりを受けるのは日本自然保護協会のような団体でした。

いまから思えば相当に失礼な話ですが、「日本自然保護協会には天下りがいません」と横山隆一さんに言われたときは、何度も何度も念押ししてしまいました。日本自然保護協会は、天下りを受け入れることで役所の予算を自動的にもらおう、という考えを持っていない組織でしたが、私は日本にそんな意志のある「財団法人」があったとは知りませんでした。パンフレットが仕上がったときも、「天下りはいません」とちゃんと刷られているのを見て、ひとりで感動してしまいました。

NGO業界は広いように見えますが、NPO法が成立した一九九八年三月からはまだ十年たらず。第一人者と言える活動をしている団体はそれほど多くはありません。実際に活動している人であれば、どのNGOが真剣に活動しているかはすぐにわかります。この業界は生き残りが厳しいので、真剣に知恵を絞って活動していないNGOはすぐになくなってしまいます。

公益的なことはみな税金で？

ややこしいのですが、NGOと似て非なるものに、外郭団体というものがあります。なんの外郭かというと行政、省庁の外郭です。民間団体、市民団体のNGO（エヌジーオー）に対して、行政がGO（Governmental Organization：ジーオー）なら、外郭団体はsemi-GO（セミジーオー）。

NGOと外郭団体のちがいは、自己資金調達率と助成金の割合と天下りの有無です。自己資金調達率は、自分たちの会員から会費を集めた額やグッズ収益が、全体の予算の何割を占めるかという割合。助成金は、使い道の公益性が認められ、振り替えられてくる税金ですから、自分たちの活動趣旨に賛同してくれた個人からのお金と転じてきた税金の、全体の活動費における割合を見ると、税金依存度を見ることができます。それに加え、理事長や幹部理事の前職をたどることで、その団体の性質がわかります。すべての外郭団体がよくない、というわけではありませんが、モチベーションの質に差があるように思います。

たとえば、日本の自然を守るという公共的な営みは、政府のなかにも担当部署があります。環境省の自然環境局です。役所があるのですから予算がないわけではないのですが、年間予算は約百五十六億円（二〇〇六年度）。これではまったく足りません。日本にとって大事なはずのアジェンダ21で約束された四十項目のうち、かなりの割合を占める「自然保護、生態系保全」への予算措置も、まったく不十分と言わざるを得ません。

日本最後の清流といわれ尺鮎が育つ熊本県川辺川のダム計画、日本の台所で宝の海といわれる有明海の生態系を乱し、魚貝類や海苔の生産に打撃を与えている長崎県有明海諫早湾の干拓事業、ジュゴン絶滅の瀬戸際、沖縄県辺野古の米軍飛行場……。

それらの自然保護の価値を算出し発表するという作業でさえ、思うように進まないのが現状です。国土交通省の予算六兆二千五百四十五億円（二〇〇六年度）と環境省自然環境局の予算百五十六億円との差は約四百倍にのぼります。日本自然保護協会はそのまた八十分の一。それでも拮抗する成果を上げているということ自体、驚きです。

もっと資金力があったら、もっと日本の自然が守れる。いまの十倍の予算があったら、今の十倍以上守れる。そんな思いで「日本の自然を守るために、会員になってください。寄付をください」とお願いすると、「税金払っているのに、どうしてそれじゃ足りないの」と言われることがよくあるそうです。

日本自然保護協会が税金で運営されていると勘違いしている人も多いようです。たくさんの人に、公益的なことは税金でまかなわれているという意識があるようです。そんないいことをしている団体には、きっと税金や補助金の助成があるはずだ。もうせいいっぱい税金を払っているのだから、そのうえ寄付なんかできないわ、というわけです。

もちろん、民主主義の技術が高まり、納税者の意向と社会の傾向がタイムラグなく政策に反映され、税金の使われ方が究極的に高い顧客満足度で運営された場合、それは正しいのです。でも残念ながら、今の日本の民主主義システムは、全然そこまで高まっていません。

独自調査から代替案を出す

日本自然保護協会の優れた実績のひとつに、秋田県田沢湖で計画されたＪＲの大規模スキーリゾートへの調査があります。その計画が進むと木が切られ、動物や鳥がいなくなって、生態系が崩れ、森は別の形になってしまいます。昔からその森を見て近くで暮らしてきた人たちは、それは困ると、日本自然保護協会に相談しました。

日本自然保護協会が調べると、そこにはイヌワシのつがいが棲んでいました。イヌワシは天然記念物で、特殊鳥類とされた希少生物です。日本の法律では、天然記念物は保護されています。つまり、はっきり天然記念物を損なう恐れのある計画は、避けなければならないのです。またリゾート計画自体、経済的な採算性があまり高くないのではないかと思われるものでした。

そこで、日本自然保護協会はアドボカシー（政策提言）型のNGOですから、日本で初めてのイヌワシを指標にした自主的な環境アセスメントをすることにしました。アドボカシーというのは、ただ開発に反対するのではなく、「もっとこうしたほうがいい」という実現可能な代替案を実際に作って、提案することです。

まず、リゾート計画が進んだ場合、棲んでいるイヌワシがどうなるのかを客観的にとらえたデータを集めました。関わったボランティアは二百人近くになりました。多いときは一日五十人、全員が双眼鏡とトランシーバーを持って山に入り、空を見張ります。イヌワシが飛んでくると、それがどの個体で、どの方角から飛んできて、どの方角へ飛んでいったかを相互に無線でやりとりします。「ただ今A―1イヌワシ発見。北北西の方角から飛んできて、ポイントBでへびを捕獲し、それをくわえて南東の方角へ飛んでいきました。よろしくどーぞ」。本部ではそれをリアルタイムに地図に落とし込む、という作業を繰り返しました。

その結果、のべ百四日間のイヌワシ飛行ルートが書き込まれた大きな地図ができあがりました。その地図を見ると、イヌワシの夫婦がどのように子育てをしているか、どのえさ場を使っているかが明確になりました。それによると、リゾート計画が進めば、そのイヌワシのつがいはえさ場を失い、子育てができなくなることは明らかでした。イヌワシはとても敏感なので、えさ場を失ったことで子育てを止めてしまうのです。子育てを止める、ということは、子どもをそのままにして別の場所へ行ってしまう、つまり子どもを飢え死にさせてしまうということです。

現在、日本にはおよそ百七十組のイヌワシのつがいが生息しているとされ、絶滅寸前の状態です。イヌワシはつがいの結びつきが強く、何回も一緒に子育てをすることもめずらしくありません。子育ての機会は一年に一回。たまごを通常二つ産み、そのうち生き残るのは通常一羽です。その子育てがいま、数年に一回、成功するかしないかというレベルまで下がってきています。

そもそも、えさ自体の体内に有害物質が蓄積されてきて、それを食べたイヌワシ夫婦の受精率が下がってきているうえに、有害物質が濃縮され、受け継がれる子イヌワシの生命力も下がっていて、生存率が低くなっています。それでも、その数を減らさないようにするには、もちろん有害物質をこれ以上出さないようにするのも大事ですが、生息環境の保護が何よりも大事です。

神経質なイヌワシは、木を切るチェーンソーのブーンという音がするだけで、えさ場を変えてしまいます。スノーモービルなんてもってのほか。そんなところにスキーリゾートを作るということは、赤ちゃんが寝ている寝室で建築工事をやるようなものです。日本白然保護協会はその研究資料をもとに悪影響の大きいことを訴え、それを見て行政もＪＲも計画を進めるのをやめました。

この大調査は、バブルが崩壊した日本経済のタイミングとちょうど一致したので成功を収めることができた、と言う人もいますが、実際には調査のクオリティの高さが、スキーリゾート計画の良し悪しをさらに高いレベルで精査することを可能にしたのです。採算性や未来の日本をトータルで考え、より多くのステークホルダー（利害関係者）の長期的な利益が考慮でき、その結果、より合理的な判断ができたのです。

中立的で信頼性の高い独自調査ができることはＮＧＯの大きな強みです。このことを国際社会に対して最初に強く印象づけたのは、アムネスティ・インターナショナルでした。一九五一年に発足したアムネスティ・インターナショナルは、世界中で五万人以上の生命と人権を救済した実績を持ち、ノーベル平和賞や国連人権賞を受賞した、国際影響力の大きなNGOです。たとえば、南米グアテマラのエル・キチェ県で七七年から翌年にかけて起きた二百四十名の虐殺・失踪事件を独自調査し、その報告書を米州人権委員会（IACHR）に提出、その結果、政府の息がかかった殺人部隊による二万人以上の虐殺の一部を明らかにしました。

このような独自調査からわかるように、NGOは真実を明らかにする中立的な機関としての役割を担うようになっています。とくに、科学や生物に関する専門知識が求められる環境分野と、人権分野（政治暴力や国家による人権弾圧）では、NGOの調査報告書は注目されているのです。

ニュースソースとしてのNGO

日本自然保護協会と出会って、NGOは一種のニュースソースでもあるんだということに気づきました。

全国あるいは全世界で、最初に問題に気がつくのは、現地で活動している人たちです。

その人が次に連絡するのは、多くの場合、日本自然保護協会などのNGOです。それを知っている新聞記者は、こまめにNGOと連絡を取り、記事にするタイミングを計っています。

特に日本自然保護協会は、生物学者の各学会に強く、学者のバックグラウンド・学説・科学的な根拠・研究内容を細かく検証するルートを持っています。情報の信頼性が高いことに加え、生物学に詳しくない新聞記者にもわかりやすく解説してくれたり、見やすい資料を揃えてくれたり、現地の状況を短時間で効率よく見てまわるプレスツアーを組んでくれたりもします。ノウハウを蓄積したプロフェッショナル集団なので、新聞記者にとってはありがたいパートナーとして受けとめられているようです。

バブル崩壊後の変化

日本自然保護協会の財政基盤は、一般会員からの年五千円の会費と寄付ですが、会員から譲渡された財産の預託から上がる金利も以前は大きな収入源でした。生物学者はもともと土地持ちという人が多いうえに、なぜか子どもがいない人が多く、お亡くなりになると親族の方が、故人の遺志だからといって、山一つ、というような財産を寄付してくれたりしました。

金利の高いときは、そこから上がる金利だけでも活動が回っていたのですが、バブル崩壊後、低金利時代に突入して、金利収入が最大で七十分の一以下になってしまいました。これでは活動を健全に続けていけない。前章で話したように、そのことが、日本自然保護協会が一般向けの会員拡大を考えて、横山さんが広告の仕事をしている私に相談しようと思ったきっかけでした。

もうひとつ、バブル崩壊後に起きた見逃せない変化があります。厚生省薬害エイズ問題の発生と、その後の菅直人厚生大臣の謝罪によって、官僚にアカウンタビリティ（説明責任）があることが一般化したのです。少しずつではありますが、行政は無謬《むびゅう》性を押し通すかわりに、世論を研究し、一般の人たちの意向や意識の流れを気にするようになりました。

相手が変わりつつあるのですから、こちらはさらに先を行くようでなければなりません。官僚にアカウンタビリティが求められるのなら、NGOにも求められるべきです。さらに主権者も、政策決定の場で「お客さん」にならないように、必要とあればアカウンタビリティをいつでも発揮できるようでなければいけません。ただ口を開けて待っているだけでは、民主主義の実の豊かさは味わえないのです。

第4章　コミュニケーションをエコシフトする

マスメディアのパラドックス

二〇〇五年のG8サミット（先進国首脳会議）は「貧困」がテーマでした。イギリスのグレンイーグルズで行われ、貧困解消の意志を表す白いシリコンブレスレット「ホワイトバンド」と、貧困解消を目指す大型啓発コンサート「ライブエイト」で盛り上がりました。準備期間が短かったため、多少ぎくしゃくしましたが、それでも実現できたことはすごいことでした。現地の新聞の取り上げ方も表面的なものではなく、環境問題や貧困問題をどうしたらいいか、本質に踏み込んだ取材で好感が持てたそうです。

一方、日本からグレンイーグルズへ来た参加者は、日本の記者が首相に「アフリカ」や貧困にあまり関係のない質問をするのを見て、なぜ他の国の記者のように、テーマに合わせた質問をしないのだろう、といぶかしがっていたそうです。日本のメディアは、国際会議の報道にあまり熱心ではないのでしょうか。貧困の解消という話題は日本の読者にとって遠く、リアリティがあまりないし、ニュースとしての需要がないと判断されているのでしょうか。

ここにマスメディアのパラドックスがあります。みんながまったく知らない新しい話題を最初にわかりやすくダイジェストして書くのには、たくさんのエネルギーとコストが必要です。調べる時間も必要だし、言葉を精査する時間もかかります。書きやすい記事をさらさら書いている同僚と比べると、なんでオレだけ貧乏くじ引いて、と若い記者が思ってしまうとしても無理はありません。さらに苦労して書いた記事が、他の記事と比べて読まれる確率が低いとしたらなおさらです。

記者も人間ですから、自分の時間を効率的に使うため、理解されにくいテーマや自分がわかるのに時間がかかりそうなテーマを避けたくなるのも理解できます。すると、難解だと思われているテーマの記事の露出がますます少なくなる。記事が少なくなれば、ますます知る機会が減る。さらに知られなくなり、さらに書かれるべき記事はどんどん書かれなくなる。こういう悪循環から、私たちは意識的に抜け出さなければ、社会はますます不安定になってしまいます。

経済的に合理的な行動を勤勉に取ったがゆえに怠慢になってしまう、というパラドックスを乗り越えるには、よっぽど新しいテーマをやさしくダイジェストする勇気が奨励されなければなりません。そのコストが共通認識されていないと、少しずつ怠慢なほうへ軸がずれていきます。けれどもその怠慢は、不思議に合理的側面を持っているがゆえに、とても困ったものです。対外的に怠慢だとはすぐにはわかりません。それどころか自身でさえも、気がつかないかもしれません。さらに所属組織も気づかず、社会も気がつかない。

環境問題や貧困問題や、グローバリゼーション、原子力問題の議論があまり一般的なところで進まないのは、案外そんな単純な原因があるからではないでしょうか。

シュプレヒコールの終焉

マスメディアのパラドックスを超えるには、マスメディアの現場、あるいは一般の人の意識の中にひそかに息づく悪循環を逆転させる必要があります。それにはまず既成概念を突破することです。

たとえば、環境問題に対しては、辛気くさい、説教臭い、まじめくさい、難しくてわからない、というイメージをまだ多くの人が持っています。これは、環境問題の始まりが公害問題だったことに由来していると考えられます。公害の被害者は何年も原因不明の難病と戦い、差別や偏見と戦い、企業と法廷で戦い、それでもなかなか認められませんでした。

理不尽な抑圧を表面化させ、最初の無知と無理解を突破するためには、大きなエネルギーが必要でした。そこでマスコミュニケーションの場では、受け入れられやすい「怒り」と「弱さへの共感」がまず集められ、これらを原動力にして運動を推進しました。労働運動のスタイル、いわゆる「シュプレヒコール」的な表現です。

シュプレヒコール（集団のデモンストレーションなどで一斉にスローガンを唱和すること）は、パワーを持たない人たちがパワーを持つ人たちにアピールするには、有効な手段でした。これが成功して、公害問題も徐々に成果を収めるようになります。ところが、その条件として「弱者の表現」という既成概念がつきまとうことになりました。当時、企業に対峙する住民の立場は、いまほど強くなかったからです。

やがて、基本的人権と民主主義の考え方が普及するにつれてなのか、民主主義社会として成熟するにつれてなのか、企業と住民（強者と弱者）の力の格差は、本当に少しずつですが縮まってきました。するとこの「シュプレヒコール」的な表現は、逆にその団体に属していない一般の人からは「威圧的」と認識されるようになってきてしまいました。声を合わせて怒りの拳を突き上げるジェスチャーが、「強すぎるこわさ」を感じさせる表現になってしまったのです。

「怒っている」という怒りの表現は、人々の注意を引きつける力としては優れています。でも問題を解決するために必要な、みんなの多様な考えや組織のなかで無視されてしまう小さな声を汲み取りにくい、という短所もあります。怒っている人同士で集まると話も合いますが、それが仲間の条件になってしまうとコワイ人たちの集まりになってしまいます。

また、怒りつづけていると、生活が疲れてしまうし、周りの人間も疲れてしまいます。これは組織や運動自体の持続可能性に関わる問題です。

本当は弱いままなのに、その運動を威圧的だと感じてしまう人たちがたくさん出てきたら、それは当事者にとっては、やるせないことです。なんでわかってくれないんだ、思いやりがない、とさらに憤りを感じ、孤立感や疎外感を感じてしまいます。

同じことを同じ表現で伝えていても、メディアが違えば、時代が違えば、受け取られ方も変わってきます。社会変革のスピードが早い時代は、情報発信者、運動の作り手からしてみたら、どのように対処していいか、迷う時代でもありました。

チャーミング・アプローチ

「シュプレヒコール」的な表現にかわって、つい頬が緩んでしまうチャーミング・アプローチ（魅力的な語り口）がよく見られるようになってきました。「怒り」を運動の原動力にするのではなく、「伝えたい、話し合いたい」という気持ちを原動力にし、表現は魅力的でチャーミング。内容はシビアで深刻でハードでも、ひとりでも多くの人に伝えたいことなら、表現はできるだけ余裕とユーモアを持たせて魅力的に伝える。それがチャーミング・アプローチです。

美しいものやかわいいものを見せられたときに、怒る人間はあまりいません。顔が丸くて目が離れていて、胴体と手足に比べて頭が大きい、いわゆる赤ちゃん体型の動物を見ると、人は思わずほほえんでしまいます。かわいいものは、弱いもの。弱いものは、自分を攻撃してこないから、安心できるし、好きになれる。チャーミング・アプローチはこの本能を利用して、伝えていきます。

専門家と一般人

エコシフトのコミュニケーションを作っていく、つまり環境問題を人に知らせていくには、まず環境に対する深い知識が必要です。次にどう話すかですが、相手は環境のことはあまりよく知りませんから（だから知らせなければならないわけですが）、通じるように伝えるには、相手のボキャブラリーや文脈を使って話さなければいけません。

ところが、環境問題に詳しい自然科学系の人のなかで、文系の言葉でしゃべれる、文系の世界に通じた人はあまり多くないのです。エコシフトのコミュニケーションの決め手は、このような理系と文系の溝を埋めることなのかもしれません。

環境、エコロジー、バイオロジーは生態学や生物学という理系の学問に分類されています。理系の自然科学者、特に虫や動物などの生物学者の場合、フィールドつまり山や海の中が研究現場になります。そこはテレビも新聞もない世界。彼らはそんな場所で何年も何十年も暮らしながら研究を続けます。

すると、俗世間の話題から隔絶されがちになります。流行のタレントさんの顔も名前もわからなくてあたりまえ。世の中の流行にうといのが、優秀な学者の特徴のひとつである、とも言えそうです。彼らには、いわゆる一般人がなぜ自然環境のことがわからないのかがわからない。環境を破壊すると後で困るということを伝えなければいけないのに、どうすれば伝わるかがまったくわからない。なにせ世俗的な人の考え方、趣味嗜好については、頭の中にまったくデータがありませんから(そんなこと自体、考えるのがいやなのかもしれません)。

それから理系と文系という区分けが生む弊害もあります。理系の人間は文系のことにうとくてもいい、という雰囲気があるために、コミュニケーション不足が生まれがちです。理系の中で、表現やアートに詳しい人がもっといたら、こんなにコミュニケーション・ギャップは発生していなかったのではないか、と思うことがよくあります。理系と文系の境界なんて、本来はあいまいなものなのですが。

また、勉強好きと勉強嫌いのギャップも無視できません。これは、子どものころの思い出も一因だと思われます。勉強のできる子は先生にかわいがられるし、人生が楽そうに見えて羨ましい——勉強ができる子は覚えていなくとも、そうじゃなかった子は、そのころの気持ちをよく覚えているのではないでしょうか。だから、大人になって少しでも「上からの物言い」をされると、拒絶反応が起きるのです。

偏見と嫉妬心を持っていない人はいません。特に子どもは保守的で、偏見を持ちやすい傾向にあります。大人になるということは、ある面では、自分の偏見や嫉妬心を自覚したり、制御したりできるようになることです。でも、大人になってからも自分の偏見や既成概念や嫉妬心を突破する訓練を繰り返している人はあまりいません。結果、上からの物言いに耳の穴が閉じてしまう人がたくさん残ります。大人になってまで説教されたくない。内容や意味にはすごく賛同するけれど、それをくるんでいる表現がキライだから賛同できない。そう判断をする人は案外多いのです。

NGOとクリエイティブ業界の相乗効果

エコやNGOに限らず、企業や行政にも言えることですが、表現の技術は場数を踏むことで向上します。試行錯誤を繰り返しながら不特定多数へのコミュニケーションを進めることで、だんだんうまくいくようになります。最初うまくいかなかったからといって、あきらめないでください。

マスコミュニケーションの最初のハードルは「勇気」です。誰だって突然百万人の群衆の前に引き出されてマイクで何か言え、と言われたら膝がガクガクします。ふつうの人にとって群衆はこわいものです。ましてやその群衆に向かって意見を表明するという「広告活動」「マスコミュニケーション」は、どんな大きな会社の人でも、どんな偉い人でも、基本的に怖いことなのです。

だから表現を制作する作業が終わってから、いざ広告の露出する直前になって、みんなガタガタじたばたするのです。「こんなこと言ってしまっていいのだろうか」「ものすごくクレームがきたらどうしよう」「嫌われたらどうしよう」「もっとあたりさわりのない表現に変えたほうがいいのではないか」。この恐怖を、誰にでもある自然なものだ、と前もって予測することで、客観的に、冷静に、合理的に、目的達成のための効率の良い表現を選択することができます。

表現のクオリティはメディアの大きさ以上に広告の成否を左右するということも、まだあまり知られていません。表現の質を上げるためには、たっぷり時間をかけることが不可欠だということもあまり知られていません。制作者であるコピーライターやデザイナーのモチベーションも、表現のクオリティにとってはとても大きな要因です。ギャランティ（報酬）がたとえそんなに多くなくても、制作者の動機を高く保つことができれば、表現のクオリティも上がってきます。

大きなメディアに露出する媒体費に依ることのできないNGOの表現力は、表現の質の向上へと自然と向かいます。そこに新たなクリエイティブの実験場が展開され、クリエイティブ技術の革新も繰り返され、クリエイティブ業界自体の活性化にも繋がるでしょう。

第5章

100万人のキャンドルナイトとほっとけない世界のまずしさ

辻信一さんとナマケモノ倶楽部

二〇〇〇年、銀座の小さなギャラリーで行われた環境展で、環境活動家にして明治学院大学の文化人類学教授である辻信一さんと知り合いました。辻さんはそれまでに私が出会った環境活動家としてはめずらしく、文化やアート、音楽、芸能への造詣が深く、ビジネス面でもつねに新商品のアイディアが絶えない、ユーモア好き、エンターテインメント好き、パーティー好きな人です。辻さんのエンターテインメント好きな性格は、辻さんがカナダに留学していたときから親交のある、ノリユキ・パット・モリタさんの影響かもしれません。モリタさんは『ベスト・キッド』でアカデミー助演男優賞にノミネートされた日系スタンダップ・コメディアンの第一人者でした。

辻さんが世話人をしているナマケモノ倶楽部という環境文化NGOは、南米エクアドルで環境経済を興そうと、有機コーヒーをフェアトレード（搾取をしない公正な貿易。第7章参照）で生産・流通させているユニークなNGOです。また、若いころカフェで働いていたという辻さんは、若い人たちと一緒になって、大きなカフェも作ってしまいました。国分寺の「カフェ・スロー」です。エクアドルの森とそこに住むナマケモノを守るため、現地の人たちが作っている有機コーヒーをもっとみんなに飲んでもらおうという場所です。さらに「カフェ・スロー」を中心にして、いくつも他の事業が立ち上がり、使い捨ての箸やコップを使わないですませるマイ箸や水筒の販売をしたり、環境関係の本を出版したり、ろうそくを作って販売したり。辻さんの展開には、真剣に環境問題に取り組みながら、お店屋さんごっこを楽しんでいるかのような軽快さがあります。

エンターテインメントやアーティストの力や、コミュニケーションの力を間近に見て知っていたからこそ、枠を超えるダイナミックな活動が展開できるのかもしれません。ついつい若い人が持ちがちな「そんなことはできないにちがいない」という思い込みや先入観は、辻さんのゼミとNGO活動ではご法度。ゼミ生には環境起業を薦めるので、ナマケモノ倶楽部には辻さんのゼミ生が起業したたくさんの会社がついています。

二〇〇一年九月に、辻さんは念願の『スロー・イズ・ビューティフル——遅さとしての文化』を出版。それを機に、世の中に「スロー」という新しい価値観とライフスタイルを広めようと、スロー・ムーブメントを始めました。いまの世の中、特に経済が必要以上のスピードを人々に要求するので、人間の幸せや家族関係や愛が危険な状態になってしまっている。スローを悪いものだと決めつけるのはやめて、もっとスローを楽しもう。それがスロー運動で辻さんが言いたいことだ、と私は解釈しています。

また辻さんは、この本を書くことで、エルンスト・フリードリッヒ・シューマッハーの

『スモール・イズ・ビューティフル――人間中心の経済学』（一九七三年）をもう一度みんなに読ませようという狙いもあったようです（タイトルにも表れていますよね）。『スモール・イズ・ビューティフル』は八〇年代のカウンターカルチャーのバイブルで、「今もほとんどそのまま、グローバリズムという怪物への批判として通用するだろう」（辻さんの論文より引用）と言われています。

二〇〇二年十二月、ひさしぶりに会った私に辻さんは、大地を守る会の会長、藤田和芳さんを紹介してくれて、ナマケモノ倶楽部の「暗闇カフェ」と大地を守る会の「キャンドルナイト・プロジェクト」の話をしてくれました。

キャンドルナイトのはじまり

二〇〇一年五月、景気を良くするためにどんどん電気を作って使おうという政策を発表したブッシュ政権に、カナダやオーストラリアの活動家たちが異議を示そうと自主停電運動を世界に呼びかけました。

これに呼応したナマケモノ倶楽部は、自分たちで経営するカフェ・スローで自主停電イベント「暗闇カフェ」を毎月展開することにしました（現在は毎週）。そして二〇〇二年、辻さんの話を聞いた藤田さんは、同年十月二十六日土曜日に、大地を守る会の有機野菜宅配の会員七万世帯による「家の中の電気を消して、ろうそくの灯りで時を過ごし、電気について考えよう」というキャンドルナイト・プロジェクトを実施します。

そして、そのときに集まった感想文に感動した辻さんと藤田さんが、これはこのままにしておくのはもったいない、大地を守る会の会員がこんなに楽しんでくれたのだったら、ほかの人も楽しんでくれるんじゃないだろうかと思い、もっと一般に広めようと私を誘ってくれたのでした。

辻さんと藤田さんは、それまでに考えていたことを次々に披露してくれました。日は夏至がいいんじゃないか。その前後二ヵ月には、アースデイや終戦記念日や広島や長崎に原爆が落とされた日もある。海の日も、環境月間もそのころ。でも意味が先についてしまうと押し付けがましくなって、参加したい人も参加できなくなるかもしれない。あえて、一年で一番日が長い日、夏至というのはどうだろう。夏至は人間の都合で決められた日ではなく、地球という天体の動きで決まる日だから。これだけ地球に迷惑をかけている人間なんだから、たまには地球の都合で集まったり願をかけたりするのもいいのではないか。

時間は夜八時頃から二時間がいいと思う。最初から一晩中というと重荷かもしれないから二時間。八時をすぎると子どもは寝る時間ですよね、と私が言うと、本当はもっと早くしたいけれど、夏至の日の八時前はまだ明るいから。たとえば東京タワーの照明が消えるときに、まわりが明るいよりも暗いほうがいいのではないか。

名前はキャンドルナイトがいいんじゃないかと思う。暗闇カフェもやっているけれど、暗闇って言葉だと、尻込みする人がいるかもしれない。広げる方法については、呼びかけ人を募ることを考えている。NGOが集まってやっているだけだと、みんなどう乗っていいのかわからないかもしれない。みんなが知っている人が呼びかけ人として、周りの人にやってみようと言ってくれたら、安心できるから広がるかもしれない——。

とにかく極限まで排他性を排他した、広く誰でもやっていいコトにしたい、という意志をはっきり感じました。「地球の事情に合わせる。人間の都合じゃなくて」というところと、自分たちが主体になるのではなく、呼びかけ人の輪をどんどん広げていくところが、新しいと思いました。

その後、環境省とのパートナーシップ、全国各地のキャンドルナイト・イベントへの支援や、参加している人の気配がインターネット上に表現されるウェブアートの制作など自発的な動きが次々と起こっていくのですが、その素地である「排他性を排他した場づくり」はこのときすでにあったのです。

「でんきを消して、スローな夜を。」

辻さんと藤田さんを前にして、六本木の大地を守る会の会議室で、私はすぐに情報を整理しました。「つまり、こういうことですね。でんきを消して、ろうそくをつけよう、そしてスローな時間を楽しもう、ということですよね」。本質メッセージの抽出作業に、その場でとりかかりました。これができたのは、運動の初期設計の時点で、情報がもうかなり集められていて、整理され、説明もうまかったということと、それをチャーミングで、シンプルでストレスなく伝えられそうだったからです。

辻さんと藤田さんから頼まれたことを、なるべく短く、覚えやすく、口で人に言いやすい、リズムのある文章にしよう。紙をもらってフェルトペンで「でんきを消して、ろうそくをつけよう」と書いてみましたが、まだ、それだとメリットがはっきりしなくて、あまり魅力的とは言えません。

でんきを消して、ろうそくをつけると、どんないいことがあったっけ……。ろうそくをつけたときの気分を思い出し、「でんきを消して、スローな夜を。」にしてみました。電気ではなく「でんき」とひらがなにしたのは、やわらかく、やさしく、軽くするためです。「電気」の「電」の字は画数も多いし、ちょっと強そうでこわそうです。ぱっと見た目の感覚を考慮しました。字画が多いと、それだけで印象が重くなります。できるだけ画数の少ない文字やひらがな、カタカナを混ぜ、ストレスが少なくなるようにしました。

NGOの活動は、写真一枚で内容がぱっとわかるものではありません。たとえば、カップラーメンだったら、その写真があるだけで「ああカップラーメンを買ってほしいというメッセージだな」とわかります。自動車もそうです。そういうシンプルなコミュニケーションが成り立つのは、カップラーメンや自動車がエライというより、表現以前の社会的な共通認識が十分だからです。つまり、それまでの蓄積があるのです。

NGOは、これから広告を出すところも増えてくるでしょうけれど、これまでの蓄積ははっきり言って少ない。しかも取り組む問題も多様で、ビジュアライズの困難な問題が多い。核廃棄物の海洋投棄やジュゴンの絶滅危惧、有明海の潮の干満のメカニズムなど、写真を撮影したり、イラストを描いたりしても伝えるのがむずかしい。そもそも写真が手に入りにくい世界ですから、ビジュアライズ、シンボライズもむずかしい。おまけに社会的な共通認識も少ない。NGOとはどういうことをする機関なのか、環境活動というのはどういうことなのかが、まだ十分に知られているとは言えない。

だから過渡期としての苦労があります。でもみんなが苦労しているわけですから、「どんなNGOが何をしてほしいといっている」ということが明快に示されれば、NGOの表現としては七十点以上の合格点です。なにせ、もともとのコンテンツが抜群に珍しくて、これからの世の中に必要で、それを面白く思う人も増えてきているわけですから。壮大で卑近なテーマを素で出す。それは簡単に見えるけれど、あなどれない作業です。

くちコミスキルを磨く

呼びかける活動の場合、その本質の機能をはっきりと、簡潔に、平易に流布させなければなりません。そのため、メッセージを流布しやすい形に加工するというのが必須です。

NGOのキャンペーンは多くの場合、お金で買える広告媒体も使いますが、お金がかからず、しかも自分で増殖するオーガニック（有機的）な媒体、いわゆる「くちコミ」を基本に組み立てます。どれだけみんなが日常生活の中で話題にしてくれるか、そのための「くちコミスキル」を科学し、蓄積しなければなりません。これは実験して、精度を上げていくしかないのです。

民主主義の世の中ですから、総理大臣も、官僚も、大企業の社長も、NGO職員も、プータローも、子どもも、新聞記者も、タレントも、スタイリストも、ヘアメイクも、カメラマンも、スタジオマンも、OLも、政治家も、お金持ちも、貧乏な人も、おじいちゃんも、おばあちゃんも、みんないっしょ。誰が偉いというわけではありません。多少の違いはあっても、「知りたい」という気持ちはみんなにあります。だから、みんなに同じ言葉で、いっせいに情報発信するということが大事です。

ところが、この「みんなに同じ言葉でいっせいに」という表現に取り組んでみると、なかなか難しい。ふだんはみんな自分が一緒にいて楽な人たちとくっついて生きているので、いざ自分と遠い人へアクセスする表現を考えると、どう言ったら伝わるのか、わからなくなってしまうのです。

しかも一発で本質を言わなくてはいけないので、その表現は本質の抽出になっていないといけない。難しい問題の本質はもっと難しいと、なんとなく思われているフシがありますが、それは違います。本質に近づけば近づくほど、簡素で平易な日本語になります。それが面白いところで、逆に言えば、それが人間の普遍性の証明なのかもしれません。

専門用語や環境用語や官僚言葉などのその共同体のみで通用する〝コロニー言語〟を超越して人間の普遍性へ到達するスキル、民主主義を修正するキャンペーンを組み立てるスキル、その基本は、本質抽出スキル＋簡潔平易な庶民言葉表現スキルです。

カルチャージャムな人たち

キャンドルナイトのキャッチフレーズが比較的短時間で苦しまずにできたのは、それまで辻さんと一緒にゆっくりコーヒーを飲んで、おしゃべりして、はたから見たら「無駄な時間」をたくさん過ごしてきたからでしょう。そうやって、なぜいまNGOに新しいムーブメントが必要なのかを共有させてもらっていたからだと思います。

地球環境の悪化をこれ以上ほっておけないと思う人たちが世界にたくさんいて、横の連携をとっています。彼らはバックパッカーのように、お互いたいした面識もないのに、目的を共有しているとわかると、すぐに信用し助け合います。それはNGO円卓会議やアムステルダムのクラッカーたちを見ていて感じた流れでした。ひとことで言うと、「カルチャージャム」な人たちと言ってもいいのかもしれません。

「カルチャージャム」というのは本の名前です（邦題『さよなら、消費社会――カルチャー・ジャマーの挑戦』二〇〇六年、大月書店）。著者は「アドバスターズ」という雑誌を出版しているカレ・ラースンさん。一九四二年にエストニアで生まれ、難民のように世界へ流れ、日本の広告代理店でも働いていたことがあるそうです。その後、カナダに住み、映像の仕事にとりかかり、それが好調だったため、雑誌や本を出版したといいます。「アドバスターズ」とカレ・ラースンさんのことを私に教えてくれたのは、当時、「渋谷川再生・春の小川プロジェクト」に取り組み、その後打ち水大作戦を立ち上げることになる友人、池田正昭さんでした。

カナダの自主停電運動も、カレ・ラースン自身が呼びかけを始めたのかどうかは知りませんが、カルチャージャムな発想と言えます。カレ・ラースンさんに会ったことはありませんでしたが、辻信一さんの環境問題を文化の問題と捉える視点には、きっとカレ・ラースンさんも賛成するだろうな、と思いました。

「100万人」になったわけ

呼びかける以上は、なにがよくて呼びかけるのかをはっきりさせなければなりません。「イベントの名前は?」と聞くと、これまでカフェ・スローでは「暗闇カフェ」、大地を守る会のときは「キャンドル・プロジェクト」でした。「暗闇」より「キャンドル」と言ったほうが、なんだか明るいというか、魅力的で広がるような気がするんだけど、と辻さん。

でもキャンドルナイトだけだと、いままでもたくさんあるので、それだけでは固有名詞になりません。固有名詞化するために、何かを付け加えたほうがいいかもしれない。数字はどうだろう。現実的な目標値を試しに数えてみようと、それぞれこれまでに話をして好反応だった人たちの数を足し上げていきました。

藤田さんは、生協の人たちに話をしたら一緒にやりたいと言っていたから、それを足すと七十万人ぐらいかな、と笑いました。捕らぬ狸の皮算用、ちょっと背伸びして百万人。それが現実的な目標だったので「100万人のキャンドルナイト」。こうすることで、キャンドルナイトが固有名詞になりました。そのうち、もうこちらからアナウンスしなくても自然発火的にみんながやる、カレンダーの夏至と冬至の欄にあらかじめ「キャンドルナイト」と書いてある、そんな一般的な歳事になればいいと思って始めたのです。

その場で、紙と太いフェルトペンをもらい、紙いっぱいにテレビ画面のように四角を書き、まんなかにろうそくの絵をやや小さめに一本描いて、その下に「100万人のキャンドルナイト」、絵の上には「でんきを消して、スローな夜を。」と書きました。ついでだから呼びかけ文も一気に作ってしまおうということになり、藤田さんが書いた呼びかけ文を、辻さんと一緒にひとつひとつ発音しては言葉を削ったり言い換えたりしながら、リズムを整えていきました。

最初の二〜三時間のミーティングで、活動名称と活動をダイジェストしたキャッチフレーズと、ろうそくというシンボルと、呼びかけ文が決まるというのは、かなりいいスタートでした。

ほそぼそパワー

呼びかけ人は、ただ名前を借りるというだけだとつまらないから、各人オリジナルの呼びかけ文として短く三十一文字の一筆をもらうことにしました。その日から環境NGOのリーダーに会うたびにキャンドルナイトの説明をし、賛同してくれた人には手書きで紙に名前と呼びかけ文を書いてもらいました。そして、何人分か集まると、ウェブサイトを作ってくれていた柳澤祥一さんにファクスし、サイトにアップしていきました。

有名な人に会う機会なんてそんなにないなあと思っているとき、人前で話すチャンスができました。環境マネジメントの国際規格ＩＳＯ１４００１を取得する企業は、社員に環境研修の機会を作るようにというガイドラインがあるので、私に声がかかったのです。

新宿にあるホールで環境の話をしていると、主催の担当者が「最前列に座っているのは元連合の会長の鷲尾悦也さんですよ」と教えてくれました。講演が終わった後、主催者に頼んで鷲尾さんに会わせてもらいました。「１００万人のキャンドルナイト」という運動を始めようとしているのだけれど、呼びかけ文を三十一文字で書いてもらえないかという話をすると、「えっ今？」と少し驚かれたようでしたが、万年筆と小さな原稿用紙を取りにいかれて、その場でさらさらと書いてくださいました。

全然面識のない人に向かって、突然、これから始まる前例も実績もない活動に応援の一筆をくださいというのは、かなり肝が冷えることでしたが、鷲尾さんも気分よく書いてくれたという経験のおかげで、小さな自信を持つことができました。

キャンドルナイトの活動をあらためて見直すと、ほんとうにこんなほそぼそとしたことの積み重ねです。よくみんな続けているなあと感心します。いまは前と比べて少しは名前が知れてはいるけれど、その中身はいまだに「ほそぼその大集合」。もともと、ほそぼそやることが素晴らしいと思っていたわけではありませんが、近ごろ「ほそぼそパワー」が実はすごいのではないかと思っています。

あるニュースを、ひとりの人が毎日ひとりずつに伝え、聞いた人もまた一日ひとりずつに毎日伝えるとすると、このニュースを日本人全員が知るのは二十八日目。毎日ふたりに伝えるとすると十八日目。毎日三人なら十四日目。意外と早いと思いませんか。ということは、地道に口から口へ伝えようとするほそぼそパワーは、みんなが思っている以上に強力なのです。

辻さんが好んで引用するガンジーの言葉に、「種の中にすでに大木があるんだ」というものがあります。大木と種はまるで大きさが違うので、それに対する人間の意識も当然違う。でも大木ももとは種。種が大事にされなければ、大木だってあり得ない。月に一度ほど不定期で開かれる幹事会が楽しくなければ、そこから広がるキャンドルナイトだって楽しくなくなってしまう。だから幹事会を楽しくしよう。ここもひとつの種だから。そんな趣旨で、時々みんなで楽しくて美味しい合宿をします。これもまた、ほそぼそパワー活用のコツと言えるかもしれません。

オランダにケッセルス・クラマーという二十人ほどの小さな広告の会社があります。ここはとてもユニークなチームで、広告もやれば、社会的なメッセージを世に送り出す手伝いもする、コンテンポラリー・アートもします。イギリスのオックスファムという貧困問題に取り組んでいるNGOの「Make Trade Fair」キャンペーンにも、彼らはダッチアカウント（ワリカン）でデザイン参加しているとNGOの友だちから聞いていたので、日本に来たときにサステナのことも含め、いろいろ相談しました。

マタイというとても親切なストラテジー担当の人が、「大事なのは、大きな木は移植できない、ってことなんだよ。小さく植えて、大きく育てる。みんな、それさ」と最後に言った言葉が印象的でした。これも「ほそぼそパワー」かもしれません。

対立を超えて

キャンドルナイトが動き始めてすぐのころ、大地を守る会の藤田さんは、会に入ったばかりの若い女性に「これまで大地を守る会は反原発を掲げてきたのに、原発推進の会社とも一緒にキャンペーンをやるのは一体どういうことか、一貫性がないのではないか」と言われたそうです。たしかに最初の設定のときに、主義主張にかかわらず、ただ夏至の日の八時から十時までいっせいにでんきを消そうとしたのですから、そう言われるのも無理はありません。

藤田さんは、このごろは若い人のほうが保守的だったりするんですよ、とおどけていました。たしかに、対立陣営を排他するやり方はこれまでの日本の市民運動の定石でした。市民運動だけではなく、官僚も、政治家も、誰も彼も、日本では「同席した」というだけで「ひよった」と言われて、今度は自分が排除される。それではいつまでたっても、問題は問題のまま、話し合われずに取り残される。付け込む隙を狙ってお相撲さんがずうっと見合っているようなもので、そんなの民主主義じゃない。私たちはいま、過去のしがらみを断ち切って、新しい話し合いを始めなければならない。そう言って藤田さんはその若い女性を説得しました。

七〇年安保闘争のとき、藤田さんは上智大学構内に新聞部部長として立てこもり、そこに警官隊が突入してきました。その後、学生運動を離れるのですが、藤田さんは当時を振り返って、なぜ学生運動が広がらずに終わってしまったのか、よく話してくれます。

「理想に燃えた若者には、生活がなかったのです。毎日子どもになにを食べさせるか、なにでお皿を洗うか、どうやって掃除をするか。そういう普通の人たちが日々心を砕いていることが、若者にはなかった。だから普通の人たちがついていけないと思って、離れてしまった。そのときはわからなかったけど、理想が高いのはよくても、生活から離れてはいけないのです。だから大地を守る会なんですけどね」

学生運動にかかわった藤田さんの貴重な経験が、四十年近くたったいま、新しい日本の市民運動として芽を出している。それがキャンドルナイトでした。

岩手県で生まれ育った藤田さんは、学生運動のあと、農薬被害から農民を守る活動をしていたお医者さんと出会い、無農薬で作っている農家の野菜をトラックで運び、都会のマンション暮らしの人たちに売り始めたのがきっかけで、大地を守る会を作りました。マンションの周りで一緒に野菜を売っていて、これをやっていこうよと言い合ったのが、藤本敏夫さん。歌手の加藤登紀子さんと電撃獄中結婚をした人です。藤本さんは一九七六年から八三年まで大地を守る会の会長を務め、その後も二〇〇二年七月三十一日にお亡くなりになるまで、大地を守る会の力強い応援団長でした。

続々と合流

キャンドルナイトの呼びかけ人代表として参加してくれた枝廣淳子さんは、アースポリシー研究所所長レスター・ブラウンさんの通訳をしていたことがきっかけでこの世界に入った環境ジャーナリストです。日本は進んだ環境事例がたくさんあるのに、世界に発信されていない。それで日本が環境後進国になっているのはもったいない、と環境ニュースを海外に発信する「ジャパン・フォー・サステナビリティ」を多田博之さんと立ち上げました。日本のエコシフトの実例を集めている第一人者のひとりです。

『成長の限界』を書いたドネラ・メドウズとデニス・メドウズが一九八二年にはじめた、世界中の環境思想家たちが集まって合宿形式で討議を重ねるバラトン会議にも、枝廣さんは二〇〇二年から参加しています。

枝廣さんはタイムマネジメント術の達人でもあります。『朝2時起きで、なんでもできる！』という本で、夫の転勤についていったアメリカで二十六歳から英語通訳に取り組み、子育てをしながら同時通訳者になり、さらにNGOまで立ち上げるにいたった時間術を明かしています。スローの辻さんとは好対照ですが、正反対かと思えば共通項もまた多いというのが人間の面白いところです。

電子表現の世界でユニークな存在として知られる竹村真一さんも、呼びかけ人代表のひとりになってくれました。ちょうど竹村さんが「触れる地球」を開発したころのことです。辻さんと同じく、たくさんの若い人がまわりに集まっていて、しおり型フライヤーやキャンドルスケープなどいろいろなツールを作ってくれました。

キャンドルナイトのホームページのクオリティが高く、二〇〇四年のグッドデザイン賞を受賞したのは、口説かれてキャンドルスケープをボランティアで制作してくれた中村勇吾さんの力はもちろんのこと、口説いた玉利康延くんをはじめとする竹村真一さんチームの力も大きかったと思います。

マークをつくる

キャッチフレーズと名称がきまったので、マークがほしいと思い、華奢《きゃしゃ》で繊細で植物的なセンスの持ち主、アート・ディレクターの葛西薫さんにお願いしてみました。自発的な呼びかけ運動なので資金も予算もないのですが、協力していただけますか、とお願いしたところ、いいですよ、と快諾してくれました。

あがってきたのは、万年筆のタッチで「1000000人のキャンドルナイト」と、0がろうそくの炎になっている、とてもチャーミングなロゴでした。加えて、暗闇にろうそくがいっぱいあるイラストと目がいっぱいあるイラストも一緒に描いてくださいました。「これでほら、テレビのコマーシャルもできるよ」と。まだテレビのコマーシャルはできていませんが、いつかは使いたいと思っています。

このマークをほかに活かせないかと、辻さんのチームの若い人たちと話して、PRマッチにすることを思いつきました。カフェをまわり、ろうそくとマッチを一緒に置いてくださいキャンドルナイトをやってくださいとお願いするのは、マッチ売りの少女みたいでちょっと楽しそうです。

ちょうど青山に「カメヤマローソク」という看板を見つけ、五万円のマッチ代を出してもらえないか聞いてみようと、簡単な企画書を書いて、キャンドルナイトのウェブ作業を手伝ってくれていた辻さんの助手、大石誠一郎くんに飛び込んでもらいました。マッチ代は出せないけれど、ろうそくならあげてもいいとのことで、一万本のろうそくが届いてびっくり。せっかくだから、全国でキャンドルナイトをやりたいといっている人たちにも分けてあげよう。着払いでよければ申し込んでください、とウェブを使って呼びかけました。もちろん箱詰めパックして郵便局やコンビニに持っていく手間はかかりますが、そこは大石くんがひとりでコツコツとやってくれました。

環境省とのパートナーシップ

環境省は、「環の国くらし会議」というCO2削減のライフスタイルのワークショップの場で、辻信一さんが100万人のキャンドルナイトへの参加を提案したのをきっかけに、関わってくれるようになりました。

NGOがはじめた運動を、リーダーシップはNGOが持ったまま、環境省が後押ししてくれるというのは初めてのことでした。呼びかけ人代表が集まって、環境省とどのように手を組めるか、当時の小島敏郎地球環境局長（現地球環境審議官）、土居健太郎さん（現地球環境局地球温暖化対策課国民生活対策室室長)、木村京子さんと話し合いました。

地球の事情を尊重したいキャンドルナイトは夏至の日の開催にこだわり、観光地や会社の施設の参加しやすさを考える環境省は土日の開催のほうがいい、という意見だったので、お互いを尊重して、両方をキャンドルナイトにすることにしました。たまたま一年目の二〇〇三年は夏至の日が日曜日だったので問題はありませんでしたが、二年目以降は夏至の日が土日から一日ずつずれていくので、夏至の日とその前の土日がキャンドルナイト。その後、あいだがおやすみになるのはおかしいから、そこもキャンドルナイトにしようということで、現在一年に一日ずつのびています。

冬至にもやりたいと考えていましたが、環境省としては冬至はクリスマス商戦のまっただなかなので、そのときに明かりを消してくれとは頼みづらい。冬至はNGOだけがやることになりました。

名前については、環境省が「100万人のキャンドルナイト」という名前を使うと、ろうそくという個別商品にだけ肩入れしているように見えるし、火事になったら困るということで、NGOは「100万人のキャンドルナイト」、環境省は「CO_2削減・百万人の環」になりました。環境省はその後、「CO_2削減/ライトダウンキャンペーン」、「ブラックイルミネーション」という名前を使っています。

このNGOと環境省の協働態勢のことは、「やっぱりパートナーシップがいいかな」と小島局長がその場で言葉を考えてくれました。

当時、東京タワーに八時に消灯してくれるよう自分たちで掛け合っていましたが、その後は環境省に引き継いで、全国各地のランドマークタワーやお城、大きな工場などへ呼びかけてもらいました。

東京タワーのでんきが消えた夜

二〇〇三年六月二十二日、とうとう第一回目のキャンドルナイト当日がやってきました。本来は家族と家でやるべきだよね、と言いつつ、でも初めてだから一体どうなるか一緒に見届けたいという気持ちもあって、大地を守る会が主催する芝公園の増上寺のキャンドルナイトに集まることにしました。東京タワーが消えるのを、みんなでカウントダウンしよう、という趣向です。

大地を守る会会員の忌野清志郎さんと元フライング・キッズの浜崎貴司さんがボランティアでコンサートを開いてくれることになり、小泉今日子さんも飛び入り参加。八時前には、サンプラザ中野さんが登場して、カウントダウンが始まりました。

呼びかけ人代表はみんな増上寺のステージの上にあがってひと言ずつしゃべった後だっ

たので、東京タワーは見えませんでしたが、目の前の集まってくれた人たちがあげた「わー」という歓声で、でんきが消えたのがわかりました。歓声につづいてヘリの音。隣の藤田さんが携帯メールを見て、「あ、いまNHKのニュースでやっている」と教えてくれました。

でんきが消えると静かな時間の始まりです。増上寺の階段にずらっとろうそくが灯され、中嶋朋子さんともりばやしみほさんが絵本を朗読してくれました。パーカッショニストの伊勢友一さんが即興の演奏で朗読を盛り上げてくれます。終わったとたんに雨が降り出してろうそくが消えたのは、予想外の幻想的な演出になりました。

次の日、会社に向かう途中、キヨスクに並んでいる新聞を見てびっくりしました。全紙の一面がキャンドルナイトのカラー写真でした。環境省は毎日新聞に依頼した調査の結果で、五百万人が参加したと発表しました。

新聞記者の誤解をといていく

キャンドルナイトは、環境を重視するという新しい文化をつくる、環境文化運動です。省エネやCO_2削減も、もちろんその中に入っているけれど、キャンドルナイト運動自体が、省エネ運動やCO_2削減運動のひとつと括られないように、気をつけなくてはなりませんでした。

エネルギー問題、自然の摂理と人間の文明との折合いのつけかた、時間や家族やいのち、という大きな問題に直面している人類ですから、その人間たちを分断、グループ分けしてしまうことは避けなければなりません。人間社会の理想について、みんなが安心して自分の意見を口にできる、話し合える大きな場と大きな概念が必要です。

新聞記事を読んでいくと、省エネ運動として書かれていることなど、いくつか間違いがありました（記者会見ではきちんと説明したつもりでしたが）。「環境省が呼びかけた消灯運動にNGOも参加」と書いていた記事を見つけたときは、このままほっておいてはいけないと思い、まず環境省に電話をかけて、間違って新聞に書かれたのだけれど、これから記者にリーダーシップをとっているのはNGOだと説明していいか、と了承をもらいました。その記事を書いた新聞記者に電話をすると、わかったけれどどうしたらいいかと言うので、来年書くときに気をつけてくださいとお願いしました。

次の年、その人が書いてくれたのかどうかはわかりませんが、渋谷駅に貼られた朝日写真ニュースのタイトルは「NGOが消灯よびかけ　100万人のキャンドルナイト」となっていました。はっきりNGOと書かれることはめずらしかったので、すごく嬉しかった。省庁とNGOのパートナーシップがここまで進んできている、ということを伝えるのはなかなかむずかしいと思いますが、あきらめずにコツコツと間違いを訂正するだけでも、少しずつ世の中は進んでいくと思いました。

お金の問題

一回やってみると、キャンドルナイトは意外とお金がかかるものだということがわかりました。ウェブ、つまりホームページをきちんとデザインして、そこに新鮮な情報を出していく作業は、たとえ学生のボランティアやインターンの人たちに手伝ってもらったとしても、予算がなければ維持できません。

スタート時点では、ただスイッチを切ってでんきを消すだけだから、お金がかからない、だれでもできる、と言っていましたが、やはり情報発信や情報共有をするには、ある程度の経費はかかるものです。

ボランティアで関わってくれた学生も、歳をとります。卒業していったり、卒業して就職しないで関わってくれる人もいますが、それはプータローやニートと呼ばれたり。そこできちんと生きていける、生活費が得られる仕事として成立している、ということもまた大切なことだとだんだん思い始めました。

とはいうものの、お金を集めることは、むずかしいことです。一口五万円の寄付を集め

「100万人のキャンドルナイト2004」ポスター（100万人のキャンドルナイト実行委員会、2004年6月19日～21日）

ることにしましたが、百五十万円ほどの寄付金は、ほとんどが藤田さんのお知り合いの方からでした。二年目から四年目は地球環境基金という助成金に申し込み、みごと審査を通過して、助成をもらうことになりました。こちらは年間四百万円。あわせて五百五十万円ぐらいで一年をのりきらなければなりません。地球環境基金の助成が来年なくなったらどうしよう、というのが近ごろの悩みです。

そんな予算難に苦しんでいるようには見えない、とはよく言われます。一年目は葛西薫さんの手描きのイラストでしたが、二年目のポスターには宮崎あおいさん、三年目は東野翠れんさんと湯川潮音さん、四年目には木村綾子さんに出ていただきました。どの年もみなさんボランティアです。

宮崎あおいさんとは一年目のキャンドルナイトの直前に出会い（当時十八歳）、キャンドルナイトの話をしたら、やりますと言ってくれたので、そのときに持っていたろうそくをあげたことがありました。試しにと思って、二年目に頼んでみたら、快く引き受けてくれました。アート・ディレクションは曽慶タカさん、カメラは永田陽一さんにお願いしまし

キャンドルの光に包まれた名古屋の街
(2006年6月19日～21日)

た。

翠れんさんは、娘の同級生のお姉さん、ということもあり、お友達でリスペクトするアーティスト湯川潮音さんと一緒ならということで、翠れんさんと仲のいいホンマタカシさんに撮影していただきました。

木村綾子さんはほぼ飛び込みでしたが、キャンドルナイトの仕事をやっているサステナの若い人たちがみんなで考えたらしく、出てもらいたい、というので出演交渉をし、快く引き受けていただきました。カメラは『エコロ』でも仕事をしていただいているARIKOさんに引き受けていただきました。

100万人のキャンドルナイトが、参加しやすい運動だと思ってもらえているとすれば、それは、参加するみんなの自発性と多様性を最大限に尊重しているからだと思います。

すこしずつ大きくなる、というか、すこしずつしか大きくなれない、ということもまた、いいことなのかもしれません。

「ほっとけない世界のまずしさ」

もうひとつの大きな運動となったホワイトバンドも、ささいなきっかけから始まりました。二〇〇四年十二月、「ワールド・ピース・ナウ」に参加していたコピーライターの井上伸夫さんから電話がかかってきました。

「ミレニアム開発目標って知っているかな」。知らないと言うと、簡単な説明をしてくれました。ミレニアム開発目標とは、世界中の国が二〇一五年までに世界の貧困を半分に削減する、という二〇〇〇年に交わされた約束だそうです。そんなことちっとも知らなかった。どうしてそんな大事なことを、私はいつも見落として生きているんだろう。

それをみんなに知ってもらうキャンペーンに力を貸してほしい、と井上さんに頼まれました。「いいけれど、わたし貧困問題はほんとうに知らないから、いろいろ勉強する時間がかかる。それでいいなら」と言って、二〇〇五年一月、東京・御徒町の丸幸ビル二階で開かれた集まりに顔を出しました。

そのとき集まっていたのは十人ぐらい。その年の七月六日にイギリスのグレンイーグルズで「貧困」をテーマにG8サミットが行われるので、世界中の人たちがそれを盛り上げようとしている。GCAP(Global Call to Action against Poverty:貧困をなくす行動を呼びかける国際的な連携)も立ち上がった。みんなにもっと「貧困」という問題を知ってもらい、貧困解消のために行動してもらいたいという内容でした。その場には、GCAPの国際会議に参加していた日本国際ボランティアセンターの高橋清貴さんや、アフリカ日本協議会の林達雄さん、CHANCE! pono2の内山隆さんもいました。

環境問題ならだいたいの土地勘が働くのですが、貧困問題となると一から勉強しなければなりません。これまで貧困問題をやってきたコピーライターがいるでしょう、と何度も弱音を吐きたい気分でした。でも他に紹介できる人もいません。情報もまだ十分に整理されていませんでしたし、その場にいた人も、それぞれ違うNGOから集まってきたので、コンセンサスがとれていませんでした。それでもグレンイーグルズというタイムリミットは刻一刻と近づいてきます。

いまでは貧困の正体が、貿易の格差と、援助という親しみやすい名前がついた債務という借金と、債務返済のための医療費・教育費の削減、女子教育の低下が招く人口増加と乳児死亡率の上昇、その捌《は》け口《ぐち》としての戦争だということを知っていますが、そこに至るまでの道のりは長かったのです。

とりあえず、活動の名前を決めようとしました。「貧困」という言葉は、わかりやすい言葉ではありますが、単純にお金がないといえば、僕もないよ、という話になってしまいます。本来「貧困」というのは、貧困問題を解決するための専門用語であり、「最貧国(Least Developed Countries：略してＬＤＣ)」の状態を表す言葉です。英語圏の人間はその状態を「Extreme Poverty（極度の貧困）」と呼び、詳しく書けるときは「一日一ドル以下で生活する人たちの状態」と言います。なんで一ドルかというと国連の指標を使っているからです。

いまアジアのLDCは、アフガニスタン、イエメン、カンボジア、ネパール、バングラデシュ、東チモール、ブータン、ミャンマー、モルディブ、ラオスの十ヵ国。アフリカは三十四ヵ国で、アンゴラ、ウガンダ、エチオピア、エリトリア、カボベルデ、ガンビア、ギニア、ギニアビサウ、コモロ、コンゴ、サントメ・プリンシペ、ザンビア、シエラレオネ、ジブチ、スーダン、赤道ギニア、セネガル、ソマリア、タンザニア、チャド、中央アフリカ、トーゴ、ニジェール、ブルキナファソ、ブルンジ、ベナン、マダガスカル、マラウイ、マリ、モザンビーク、モーリタニア、リベリア、ルワンダ、レソト。オセアニアは五ヵ国で、キリバス、サモア、ソロモン諸島、ツバル、バヌアツ。中央アメリカはハイチ。合計すると世界では五十ヵ国にのぼります。

国連はこの三十年間、貧困の解消という課題にずっと取り組んできました。二〇〇〇年には「ミレニアム開発目標」という、アジェンダ21のような「これからの世界の目標」を作って、それを百八十九ヵ国で採択しています。つまり、世界中の国がみんなで約束をした、これが「貧困」という言葉が指し示す意味です。

ところが日本では、「ミレニアム開発目標」を知っている人は0・1%もいないと思われ、「貧困」の専門的な意味も当然、知られていない。しかもなまじ普通の言葉なので、伝わりにくい。でもむずかしくしては、人は逃げていってしまいます。

人道的なこころに訴えるには、共感を引き出すのが一番ですが、共感を得るためには、その場所に行く、同じ時間を共有する、可視化する、写真にする、知識を得る、といったことが必要です。ただ、重たすぎるテーマのときは、人間の潜在的な察知能力が働くのか、逃げたくなる気持ちが働いて「ひいちゃう」人が続出します。

本来、人間は人道的な生き物です。だれにも共感性はあります。なので「ひく」直前に「知らせてしまう」、「なんだろうと見ていたら、ついつい知ってしまった」というのが、このキャンペーンの目標とするところです。あたまからは「貧困」という言葉を使わない名前戦略でいこうと思いました。

共感を引き出すために、普通の言葉が必要です。貧困を普通の人の日常感覚に引き寄せて、少しでもリアリティを感じてもらいたいと思い、「ほっておかないで」という気持ちを名前に込めたいと考えました。

そこで十人を前に、ホワイトボードに「ほっとけない世界のまずしさ」と書きました。ちょっと長いのが難ですが、ある程度は仕方ないかもしれない、と今回は思いました。「いいねー」とみんなが喜んでくれたので、すんなりその名前に決まりました。

チャリティの限界

GCAPの基本的メッセージは、次の三つでした。

1. 債務を帳消しにすること
2. 援助の量をふやし、質も高めること
3. 貿易のしくみを見直すこと

これらは、個人の寄付で達成できることではありません。自国の政策をこの三つの方向へ変えていく、という啓発活動でした。市民が政策を提案するアドボカシー型の活動です。

一九八〇年代以降、ヨーロッパでもアメリカでも、個人の寄付金を集めて直接現地へ送金するチャリティ運動がメジャーでした。ところが精一杯チャリティ運動をしていたはずなのに、それから二十年間で貧困はさらに悪化したのです。なぜでしょう。個人がせっかく寄付をしても、それを上回る大きな債務や貿易格差が容赦なく打撃を与え続けたからです。チャリティを続けていた人たちが、そのしくみに気がついたのが、二〇〇五年だったと言えるのかもしれません。

イギリスでこの運動の牽引力となったのは「貧困を過去のものに（Make Poverty History)」というNGOを中心としたキャンペーン。それをボブ・ゲルドフとU2のボノとブレア首相、アメリカではビル・ゲイツが後押ししました。

ボブ・ゲルドフは、一九八五年にアフリカの難民救済を目的に開かれたチャリティ・コンサート「ライブ・エイド」で、二百八十億円を寄付しました。普通に考えればすごい金額です。ところが二百八十億円では、アフリカ大陸が先進諸国へ返済する金利のたった二週間分にしかなりません。

ライブ・エイドで歌われた「ウィー・アー・ザ・ワールド」と「ドゥ・ゼイ・ノウ・イッツ・クリスマス?」は、それまであり得なかった、競合という考え方を超越したものでした。有名歌手が大集合してひとつの曲をワンフレーズずつ歌う、というスタイルで、事態の大きさをアピールする、すばらしいアイディアでした。その奇跡的な大ヒット曲の売り上げが、借金の金利のたった二週間分だったと知ったとき、ボブ・ゲルドフは愕然としました。

コメディ界の大御所が撮ったクリッキング・フィルム

『ミスター・ビーン』や『ブリジット・ジョーンズの日記』の監督・プロデューサーであるリチャード・カーティスが、ハリウッドの俳優さんたちの協力を得て、指をパチンと鳴らすクリッキング・フィルムを作り始めました。

ＧＣＡＰでは、ホワイトバンドという白いシリコンのバンドをシンボルにしていました。それを手首につけていたら、自分は貧困問題解消に取り組んでいます、というサインになる。こうすれば、どのくらいの人が貧困問題に関心があるのかわかるし、数が増えれば世論を動かすこともできる、ホワイトバンドを売ることで活動資金も集められる、という仕組みでした。

とはいえ、まだ予算はなかったので、みんなでお金を出し合って始めようか、とりあえず五万円ずつ、いや五万円だときついから、二万円、一万円あたりで。その合計十万円から二十万円集めて、イギリスから輸入して売ろうという話になっていました。

そもそもホワイトバンドは、アフリカの普通の人たちが、海外から来るＯＤＡ（Official Development Assistance：政府開発援助）をもっと有効に（きちんと市民や貧困層に行き渡るように）使ってほしいと政府に意思を表示するため、腕に白い布を巻き始めたのがきっかけです。それを見たヨーロッパのＮＧＯの人たちが、自分たちも一緒にやるよ、自分たちも政府にきちんとしたＯＤＡの出し方をするように意思表示するよ、と広がったのだそうです。

このホワイトバンドを、ブラッド・ピットやキャメロン・ディアスが手首につけ、モノクロの映像で、パチンと指を鳴らし、そこにナレーションが「3秒に1人、子どもが貧困のために命を失っています」と入ります。締めくくりは、「お金ではなく、あなたの声をください」。このフィルムの真意は、「みんなで政策を貧困解消を重視する方向に動かしていこう」というところにあります。

リチャード・カーティスさんはコメディ界の大御所ですが、「コミック・リリーフ」というNPOも運営していて、コメディ（お笑い）の力で社会問題を解決していこう、という趣旨で活動しています。そんなNGOマインドをもったリチャード・カーティスさんが、各国でGCAP活動に取り組んでいるチームに「一緒にクリッキング・フィルムをやらないか」と呼びかけました。

「やるよ」とメールを送ると、キットが送られてきました。照明デザインの設計図です。その通りに組み立てると、彼が撮ったクリッキング・フィルムと同じ照明になる、というわけです。とてもシンプルで、きれいな照明計画でした。

キットには各都市のスタジオ一覧表と時間割もついていました。その時間にそのスタジオに行けば、撮影できるよと。なるほど。いそがしい俳優さんたちにこの数枚の紙を渡して、もし趣旨に賛同してくれたら、ここに行ってね、クリッキング・フィルムを撮るから、と言えばいいのですから便利です。スケジューリングの手間もかからず、俳優さんたちにしてみれば、時間ができたら行けばいいので気が楽です。
各国各都市の協力スタジオのリストのボリュームも壮観でした。どのスタジオも無償で機材とスタッフを用意してくれた、と聞きました。また、UIP映画の方から連絡があり、UIPの本社がリチャード・カーティスさんから頼まれたといって、日本でもクリッキング・フィルムを映画の予告編の間に流しましょう、と提案してくれました。ブラッド・ピットやキャメロン・ディアスが出演している、もっとも初期のクリッキング・フィルムに日本語の字幕をつけて、流してもらいました。

どんどんふえる出演者

日本のクリッキング・フィルムを撮影するには、まず監督を口説かなくてはなりません。「ありあけ・いさはや　宝の海のメカニズム」で協力してくれた信藤三雄さんに話したところ、たくさんのリスクがあるにもかかわらず、やりましょうと即答してくれました。

いちばん最初に説明しにいったのは、中村勘三郎さんのオフィスでした。中村勘三郎さんは海外での公演も大成功されていて、そういう活動はこつこつやることが大事だよね、と理解とアドバイスをくださいました。その後、藤原紀香さん、MISIAさん、GLA

YのTERUさん、中田英寿さん、桜井和寿さん、一青窈さん、カヒミ・カリィさん、北島康介さん、宮沢和史さん、村上龍さんらに出演していただきました。
キャスティングをしているときに、イギリスのNGOオックスファムから、日本のPR会社が協力したいと言ってきた、あなたたちと連絡をとるように紹介したので、うまく協力するように、と連絡がありました。それがサニーサイドアップという、中田英寿さんや大黒摩季さんのマネジメントも手掛けているPR会社でした。

さっそく会ってみると、会社がというよりも社長の次原悦子さんが熱心でした。イギリスのテレビでクリッキング・フィルムを見て、日本でもこういうかっこよくて社会のためになることがしたい、と単純に思ったとのこと。最初はNGOってなんの略だっけ、というぐらい詳しくなかった次原さんでしたが、もともと社会的

クリッキング・フィルムに出演した中田英寿さんとMISIAさん

なことに興味があり、国際感覚も優れていたので、めきめき理解度を上げ、様々なアイディアを次から次へと提案してくれました。

クリッキング・フィルムのキャスティングは、監督である信藤三雄さんを中心に、MISIAさんの出演をきっかけに積極的に関わってくれるようになった所属事務所リズメディア代表の谷川寛人さん、次原さん、それと私の四人で話し合って決めていきました。

たくさんのアーティストに出演をお願いしたのは、もちろんリチャード・カーティスさんの「どんどんふえる」というアイディアに起因するものでもありましたが、別の事情もありました。日本では、参加している人数が少ないとその人たちだけにイメージが集中しがちです。そうすると運動の広がりにも支障が出るし、アーティストにとっても仕事に支障が出るかもしれない。それを避けるために、そして何よりも、どんどんこの運動が広がっていくことを示すために、たくさんの方たちの協力を得る必要がありました。そのほうがやりやすい、と言って出てくださる方もいました。

より具体的に希望を伝える

一回目のクリッキング・フィルムを撮り終えて、すぐに二回目のクリッキング・フィルムの準備にとりかかりました。「3秒に1人、子どもたちが死んでいる」というショッキングな事実を伝えた第一弾から、さらに踏み込んで、具体的に、どんな状況に世界はおかれているのか、そして一番大事なメッセージ「たくさんの人が関心を持ち、変えようという意思を持った今がチャンスです」「何世紀も続いたこの貧困を生み出すしくみは」「いまならみんなで変えられるはずです」ということを、繰り返し伝えることにしました。

取りかからなければならない課題の大きさを前にして、みんながひるまないように、希望を伝えたかったのです。実際、アフリカやヨーロッパやアメリカ大陸でも、もしかしてこのまま続けていけば、ほんとうに私たちの世代で貧困を止められるかもしれない、という希望と興奮を口にする人たちが増えていました。

裏返せば、貧困問題はそれほど根が深いものとも言えます。なにせ四百年以上も前の奴隷制度の時代から、植民地支配、不平等貿易と形を変えてはいますが、差別も含め、貧困の由来は一緒です。その歴史についにとどめを刺そうというのです。せっかくの希望が失望に変わらないように、心して取りかからなければなりません。

第二弾に出演してくださったのは、松嶋菜々子さん、広末涼子さん、坂本龍一さん、古田敦也さん、田中麗奈さん、津川雅彦さん、CHARAさん、安室奈美恵さん、杉山愛さん、小雪さん、テリー伊藤さん、中島美嘉さん、渡部篤郎さん、夏木マリさん、玉置浩二さん、AIさん、NITRO MICROPHONE UNDERGROUNDさん、MOOMINさん、ＰＵＳＨＩＭさん、佐藤琢磨さん、市川海老蔵さん、為末大さん、高橋由伸さん。ナレーションを同時録音で撮らせてもらいました。撮影前には、貧困問題について自由に質問してもらい、納得できるまで説明をしました。二十三人／組の著名人の気持ちが込められたクリッキング・フィルムは、多くの人の既成概念を突破して、貧困のない世界を一歩引き寄せられたのではないかと思います。

ホワイトバンド

次原さんはホワイトバンドを作るときにも、ダイナミックな発想の転換をみんなに見せてくれました。

十万円や二十万円から始めるのでは規模が知れている。大きく広めたいなら、ホワイトバンドもちゃんと生産して流通を確保して、きちんと市場に供給しなくては――。

ちょうどそのころ、イギリスのオックスファムが、日本はＮＧＯの資金繰りが苦しいはずだからと、彼らのホワイトバンドの売上のうち二千万円を寄付してくれることになりました。また、オランダのノビブというＮＧＯも、約一千万円を助成金という形で日本のキャンペーンのためにつけてくれることになりました。先進国のＮＧＯが先進国のＮＧＯに資金を提供するというのは異例ですが、それだけ欧米の市民社会では日本の貧困問題に取り組むＮＧＯの資金難がよく知られているということです。

情けない、などと言っている場合ではありません。その三千万円を有難く使って、最大限の効果をあげるために知恵をしぼるだけです。結局そのお金は、ホワイトバンドを生産し、流通させ、それを新聞広告で告知するための予算にすることにしました。

七月一日に間に合わせるため、ホワイトバンドははじめ、中国の工場で作っていまし

「ほっとけない世界のまずしさキャンペーン」ポスター（ほっとけない世界のまずしさキャンペーン実行委員会、2005年７月）

た。シリコンが入手できて、期日に間に合わせて生産できるのがそこだけだったからです。でもすぐに、「なんで最貧国ではなくて、経済成長しつつある中国で作るのか」という意見がきました。ごもっとも。事務局はすぐに次の工場を探しにかかりました。次の工場はマレーシア、そして最後には南アフリカの工場で生産するところまでいきつきました。

アドボカシーへの不理解

二〇〇五年七月八日、G8サミットは閉幕しましたが、日本のホワイトバンドはそこからが本番でした。認知度が上がるにつれて、貧困をなくすためには具体的に何をしたらいいのかと、毎日たくさんの問い合わせの電話がかかってきました。一方で、なぜ直接現地に送金せず、日本での情報発信にそのお金を使うのかわからない、という問い合わせも相次ぎました。

情報を発信し、より多くの人に知ってもらい、ふつうの人たちが関心を持っていることを後ろ盾にして、国の政策をより貧困解消重視に近づけていこうとするアドボカシー型の活動の着地点がわからない、本当に成果があるのかどうかわからない、という意見もたくさん寄せられました。

そのときになって私たちは初めて、「ほっとけない世界のまずしさ」は日本初の大型アドボカシー・キャンペーンである、ということに気がつきました。アドボカシー活動が正当な運動であることや、具体的な行動から得られる成果をメールや電話で説明し、理解を求めてきました。

ライブエイトとホワイトバンドフェス

G8サミットで貧困問題を大きく取り上げてもらうため、七月二日に世界で同時に行われる貧困啓発コンサート「ライブエイト」の準備が、日本でも五月に入ったころから始まりました。

Bjork, McFly, Good Charlotte, Dreams Come True, Def Tech, Rizeさんたちに出演してもらって、幕張メッセのライブエイトが実現しました。

ホワイトバンドを身につけることと、貧困を解消することがどう関係しているのかをわかってもらうためには、その前に「貧困が生まれるしくみ」をわかってもらう必要がありました。どこかで、「貧困が生まれるしくみ」という具体的な情報を発信しなければなりませんでした。

ちょうどそのとき、MISIAさんに冬のライブコンサートの予定があると聞き、情報発信の機会をもらえないかと谷川さんに相談したところ、それならいっそのことキャンペーンに賛同しているアーティストたちによるホワイトバンドフェスにしましょうか、と逆に夢のような提案をしてくれました。

コンサートというのはとてもリスクの高い事業です。音楽を聴きに来てくれた人たちを満足させせながら、貧困についてより具体的な知識を持ち帰ってもらう。それを実現させるのは、並大抵のことではありません。責任の重さにめまいを感じながらも、ひるむわけにはいきませんでした。何万人もの若い人たちを啓発するチャンスですから。もしできることならぜひ、と谷川さんにホワイトバンドフェスの開催をお願いしました。

そして二〇〇五年十二月三日と四日の二日間、さいたまスーパーアリーナで、GLAYさん、MISIAさん、宮沢和史さん、AIさん、NITRO MICROPHONE UNDERGROUNDさん、MOOMINさん、PUSHIMさん、DEPAPEPEさん、orange pekoeさん、Skoop On Somebodyさんに出ていただいて、ホワイトバンドフェスが開催されました。

フェスで流す映像と貧困解説のオフィシャルパンフレット「貧困がうまれる21の理由」などを、「ほっとけない世界のまずしさ」キャンペーン実行委員会と信藤三雄さんと一緒に作り、そこに具体的な貧困のしくみの説明を込めました。

熱狂的な各アーティストのファンがたくさんいる会場でクリッキング・フィルムがはじまり、最初はGLAYのTERUさんがクリックすると、キャーと歓声が上がっていました。

ところが、何回目かのクリッキング・フィルムの間に、フィリピンのスモーキーマウンテンで暮らす寝たきりの水頭症の子どもが、「病気が治ったら何したい」と聞かれて「学校にいきたいよ」と涙を流す映像が入り、次にTERUさんのクリッキング・フィルムが流れたとき、歓声はひとつも上がらず、会場は温かい緊張感に包まれました。これが啓発の力というものなのか、と私は内心驚愕していました。表現にはいつもその力が潜んでいるのです。

ホワイトバンドフェスの会場では、ようやく南アフリカ産のホワイトバンドを売ることができました。

意思表示で世論を動かす

このキャンペーンに盲点があったとすれば、「意思表示する↓世論を動かす↓政策を動かす」というシンプルな公式が、日本ではそれまであまり一般的ではなかったということです。大きな成功事例がこれまでになかったから、意思表示をすることで、世論が動かせ、世論が動けば、政策を動かせる、という確信がまだ共通認識としてなかった。NGOは民主主義を広める役目を担っているような存在ですから、希望的推測によって現実を先読みしすぎてしまった、と言えるかもしれません。

けれどたとえ半分だとしても、成功体験はとても大事です。いちど成功すれば、できっこない、そんなことありえない、という既成概念をみんなが軽々と突破できます。

華々しく話題になった反面、ファッションだ、一過性だと言われ、なぜ寄付を直接送金しないのかと質問し続けられた「ほっとけない世界のまずしさ~ホワイトバンド」のキャンペーン。それはほんとのところ何をもたらしたのでしょう。時系列で事実だけを追いかけてみます。

二〇〇五年六月二十七日に朝日新聞と読売新聞に告知広告を掲載しました。六月三十日にインターネットでクリッキング・フィルム第一弾をストリーミング。七月二日にホワイトバンド発売、東京をふくむ世界各国でライブエイトが開催され、七月六日、グレンイーグルズでは小泉首相が五年間に百億ドルの援助増額を約束します。

九月十日のホワイトバンド・デーには、東京タワーに信藤三雄さんがデザインした日本のホワイトバンドのシンボル「スリー・アスタリスク」をライトアップ。九月十六日には、当初不参加を表明していた国連ワールドサミットに（行ってくださいという呼びかけの成果か）小泉首相参加。九月二十五日、世界銀行とＩＭＦが最貧国の五百五十億ドル（約六兆円）の債務帳消しを発表――。

なんの運動も世論もなければ帳消しにならなかった六兆円。その成果は、この運動に関心を持って誰かと話してくれた、雑誌を読んでくれた、ホワイトバンドをつけてくれた人たちのおかげ。世界はみんなの思いで動くのです。

アドボカシーは機能します。なぜならそれは民主主義の社会で、市民に認められた正当な権利であり、正攻法なのですから。

貧困問題はこれからが本番です。次章でふれる雑誌『エココロ』創刊号の表紙インタビューで、ホワイトバンドをつけた宮沢りえさんにインタビューした際、最後のひと言が「マエキタさんも、おばあさんになっても、（貧困がまだなくなっていなかったら）やり続けてくださいね」でした。

「ほっとけない世界のまずしさ」はファッションでも一過性でもありません。しぶとく続けている人がいて、みんなの力を借りて、一歩ずつ貧困解消に向かって世界を動かしていけていれば、たとえ表立っていなくとも、それは立派な運動なのです。

第6章　現在形のエコシフト

エコハウスを建ててみた

二〇〇三年十二月、現代建築家の妹島和世《せじまかずよ》さんにお願いした自宅ができました。二十七坪という小さな土地に基準の建ぺい率以下という、わざわざ小さく建てられた鉄板の家です。妹島さんは「梅林の家」という名前を付けてくれました。

設計を依頼したときのわたしの注文は、エコ住宅であることでした。エコ関係の仕事をしているし、環境NGOの方もときどき遊びにくるからです。妹島さんが「エコってどの程度でしょうか」と心配そうな顔をしたので、「なるべくでいいですから」と答えました。そうして生まれた「妹島式なるべくエコな家」は、日々発見のある、とてもチャーミングで気持ちのいい小さな家です。

妹島さんが選択した素材は「鉄」でした。これには環境NGOの人たちもびっくりしていました。果たして鉄の家はエコなのか。まず鉄は、地球上に多く存在する鉱物資源で、ほぼ100%リサイクルできるから、そういう意味ではエコ。なるほど。使わなくなったら溶かして、また別な家や船や車を作るときに使ってもいい、ということですね。

鉄板をあらかじめ切り出しておいて、それを組み立て、溶接する、というカンタン施工はエネルギーの節減になります。もちろん製鉄するのに火は使いますが、建て始めたら、

エコハウス「梅林の家」

えっ、もう、というスピードでできていました。

収納スペースがほとんどないというのもこの家の特徴です。これも考えようによってはエコです。無駄なモノが家の中にあると、それがつねに見えているので、あれいらないいな、誰かもらってくれないかなとなります。それがたび重なると、モノが増えるのを警戒するようになり、新しいモノは置くスペースを確保してからでないと買わないようになりました。また、家のでんきが控えめなので、子どもも大人も木漏《こも》れ陽《び》に敏感になります。

アンズの木が二本。毎年ジャムがどっさりできるほど立派な実がなります。ほかに梅の木が七本。白や紅やピンクや八重の花が咲きます。ロウバイ、ムラサキツユクサ、サンショウ、セージ、パセリ、ブルーベリー、ミョウガは自分で植えました。この家が日本建築大賞を受賞したお祝いに、実家の両親が植えてくれたフヨウやシダも元気です。

屋上には土を張ってもらってミミズを放ち、二年がかりでやっと草色になりました。風で種が飛んできて生えたのです。二〇〇五年にコンポスト（生ごみを土に埋める）したところからツルが伸びて、小さなメロンがなりました。三階のテラスも最初は芝生だったけれど、自然の力に任せておいたらアカマンマ（イヌタデ）の群生になり、そのなかで四匹の猫がかくれんぼしています。たった二十七坪の家なのに、ずっと広く感じます。外気温や風や葉がさらさらいう音を感じることもできます。

いろんな発見に事欠かない家なので、コミュニケーション・ツールになって、世界中から建築関係の人たちが訪れるようにもなりました。彼らとキャンドルナイトの話をしたり、ホワイトバンドの話をしたりできるのも魅力的です。

オランダのOMAという建築集団の立ち上げメンバー、ロン・シュタイナーさんが家を見に来たときには、ホワイトバンドの話をして、おひとつどうぞ、とバンドをあげました。半年後にたまたまオランダを通りかかったので彼に会ってみたら、腕には私のあげた日本のホワイトバンドが。びっくりして「まだ持っていてくれたの」と聞くと、「もちろん一度もはずしてないよ、シャワーのときもつけたままだよ」。これにはじーんとしてしまいました。

テート・モダンに作品が所蔵品として収められている写真家のウォルター・ニーダーマイヤーさんが来たときは、ちょうどお昼どきだったので、玄米のおにぎりとお味噌汁を出したら、奥様のクリスティナさんが「マクロビオティック（後述）ですね、玄米もお味噌汁も大好き」と、とてもよろこんでくれました。ウォルターさんも肉は食べないし、納豆が大好物なのだそうです。イタリアでもマクロビオティックをやっている人がいる、ということが新鮮でした。

「エココロテレビ」はじまる

小冊子『エココロ』がきっかけとなって、テレビ番組が始まりました。テレビ朝日系列で日曜夜十一時から始まる「素敵な宇宙船地球号」のラスト三十秒。「エコを感じるココロをエココロといいます」というイントロで始まり、アーティストや著名人が自分のエココロの話をする、三十秒のインタビュー番組「エココロテレビ」です。

インタビューしている人のまわりを、野田凪さんが作ったかわいいイラストの虫たちが歩き回るというファンキーな趣向で、二〇〇四年十月三日にスタートしました。一青窈さん、忌野清志郎さん、中嶋朋子さん、杉山愛さん、坂本龍一さんなどなど、その趣旨を理解して出演してくださった方々に支えられて、この本を書いている時点で三十九人収録し、さらに新たな人も収録中です。当初は、ほんとうにエコがテーマのインタビューを受けてくれる出演者が続くのか、視聴率がもつのか、と懸念されましたが、視聴率もよく、三年目に突入しました。

二〇〇六年八月二十日には、待望の「エコココロスペシャル」も放送されました。いつもの三十秒から、三十分に大拡張です。この「エコココロスペシャル」は、放送時間が深夜零時半からと遅かったにもかかわらず、視聴率は4・9%とかなり高く、特に若い人たちの潜在的なエコ情報ニーズを浮き彫りにしました。

エコシフトの大先輩

二〇〇五年三月、カルチャー誌『コンポジット』がエコココロ特集を組むことになり、かねてから調べてみたかったサブカルチャーのメッカ、アメリカ西海岸サンフランシスコとバークレーにバックパッカーして行ってきました。出発前日、たまたま小林武史さんにエコロジーオンラインの上岡裕さんを紹介してもらいました。上岡さんがサンフランシスコに住んでいたというので、明日行くんだ、というと、それなら風砂子《ふさこ》さんに会ったほうがいい、と連絡先を教えてくれました。

サンフランシスコで飛行機を降り、街に着いてすぐ風砂子さんに連絡すると、じゃあ、今からいらっしゃる？　と優雅な日本語に誘われて、それから三日間ずうずうしくも彼女の家にころがりこみ、リビングのソファに寝泊まりさせていただきました。

風砂子・デ・アンジェリスさんは、六〇年代の学生運動の最中、国会議事堂の中に学生たちが突入したときに、その場にいた一人です。その後、インド、ネパール、カナダやアメリカに滞在しながら三人のお嬢さんを育ててきました。今はパートナーのミノさんとふたりで、サンフランシスコ湾岸の美しい大学町バークレーに定住しています。

一九七九年、ベイエリアでの講演キャンプに招かれた『自然農法　わら一本の革命』で知られる自然農法の活動家、福岡正信さんが風砂子さんの家に泊まることになり、おもてなしとして風砂子さんは布団を縫いました。その講演キャンプで仕事を探しているという日本人の女の子に出会い、「布団を作ったら売れるんじゃない？」と言ったことがきっかけで二人で布団を作り始めました。やがて彼女が日本に帰ることになり、いつのまにか風砂子さん自身が布団屋になったのだといいます。そのころアメリカにはふかふかのベッドしかなく、畳と布団は腰にいいということで大受け。「フトン」がそのままfutonと英語になるほどブームになりました。

大工仕事が大好きなミノさんにベッドの枠を作ってもらい、そばがらを取り寄せて、枕も作るなど大忙しだったそうです。それで家が買えたのよ、と笑う風砂子さんは、理念と生活のバランスがとれた、既成概念のない、根っからのNGO気質の人。とても美しい自宅の庭ではレモンがたくさんなっていて、ネギやわけぎなどの日本の薬味も元気に育っていました。

布団の売れ行きが増すにつれ他にも布団屋ができてきたので、もう自分がやらなくてもいいだろうと、風砂子さんはぱっと手を引き、環境活動や平和運動に加わりました。

当時も今も、サンフランシスコ・ベイエリアはカウンター・カルチャーの本場です。さかのぼれば一九五〇年代、ウィリアム・バロウズ、アレン・ギンズバーグ、ジャック・ケルアックなどの若い詩人がこの地に集まり、自らを「ビート世代」と呼びました。世の中に「これでいいのか」と投げかけたこの大衆詩人たちの文化活動は、すべてのポップ・カルチャーの原点と言われ、後のヒッピー・カルチャー、ベトナム反戦運動へとつながっていきます。「ヒッピー」という言葉は、「ビートに憧れるけどそこまで格好良くなれない俺たち」というちょっと卑下した呼び名らしいわよ、と風砂子さんに教わりました。

全米屈指のオーガニック・レストラン

風砂子さんはまた、環境NGO活動であるShake!' INOCHI/プルトニウム・フリー・フューチャーにも余念がなく、活動家たちのネットワーキングやサンフランシスコ・ベイエリアカルチャーの発信者でもあります。有機農業、反戦運動、反核運動、新エネルギー、ジェンダー、とさまざまな運動が彼女の生活圏のまわりで交錯していました。

たとえば、西海岸のオーガニック・レストラン・ブームはここから始まったと言われる伝説のレストラン、シエ・パニース（Chez Panisse）本店も風砂子さんの家から歩いてすぐのところにあります。シエ・パニースは、常にグルメ雑誌の五本指に入るほどの人気で、なかなか予約がとれない店だそうです。オーナー・シェフのアリス・ウォーターズさんが市立の中学に創設した「エディブル・スクールヤード」（日本では〝食育菜園〟と訳されている）を風砂子さんが取材したところだったので、いろいろ教えてもらいました。

アメリカでは「あなたはマーサ・スチュワート（米国でもっとも成功した主婦と言われるライフスタイル実業家）派？ それともアリス・ウォーターズ派？」と言われるくらい、アリス・ウォーターズさんが成功した女性として尊敬されているのは、彼女の食育が評判で、NPO活動としていま全米で展開されているからです。彼女が、子どもたちと一緒に校庭のアスファルトをはがし、無農薬で野菜を作り、それをみんなで料理して一緒に食べると、荒れている学校がみるみる立ち直っていく。そんなテレビ番組が放送され、アメリカ人はかなりショックを受けたそうです。

私もためしにシェ・パニースで食事をしてみました。お客さんがスタイリッシュかつ美男美女でまずびっくり。モデルばりにキメている隣の席のご夫婦が「あなたはどこから来たの？　私たちはボストンから。ついに食べられるかと思うと興奮しちゃって。あなた、ひとりだから、私が写真とってあげるわよ。ほんとお互いに来られてよかったわよねー」と、人なつこく話しかけてきたのにもびっくり。もちろん、ナパヴァレーで採れた白ブドウジュースの黄金の輝きととろりとする濃厚な味や、アスパラガスのグリルのさわやかさにもびっくりでしたが。バークレーでは、たしかにオーガニック・カルチャーが異様な高まりを見せていました。

マクロビオティックとビーガン

バークレーをあとにして東海岸のボストンに飛び、いまをときめくマクロビオティックの第一人者、久司道夫さんにインタビューしました。マクロビオティックとは、肉や卵や牛乳をとらない、玄米と野菜、大豆を中心にした食事法のことです。

マクロビオティックは日本で生まれました。日本陸軍三奇人と呼ばれた「玄米先生」こと石塚左玄の「食養医学」を、ジョージ・オーサワこと桜沢如一さんが発展させ、それを「マクロビオティック」と名付けて世界に広めたのです。久司道夫さんは、桜沢さんが世界に派遣した十三人のお弟子さんのひとりで、ニューヨーク担当でした。

「場所も時期もよかったんでしょうけど、順風満帆というわけでは、ちっともありませんでしたよ」と久司さんは言います。突然、日本からやってきた彼が、ヒッピーたちを自分の家に住まわせ、ドラッグをやめさせ、大根を植えさせ、味噌汁を飲ませ、たくあんを食べさせたりしたので、あやしげな宗教じゃないかと疑われたり、逮捕されそうになったり……。

それがいまでは、マドンナ、トム・クルーズ、グウィネス・パルトロウ、アル・ゴア元副大統領などの食の指南役として尊敬され、米国議会ではマクロビオティックがアメリカ人の理想の食事に認定されています。やっと時代が追いついてきた、という観がありますす。でも人気の秘密は、「いいんですよ、どうしても食べたかったら、肉だって食べていいんです。無理しちゃいけません」という久司さんの、人を追いつめないユーモアたっぷりのお人柄にあるのでは、と私は思っています。

ちなみに日本でも、特に若い女性のあいだでマクロビオティックは大人気です。本はそれだけで棚がひとつできるほど出版されていますし、人気のメイクアップ・アーティスト藤原美智子さんがマクロビオティックを紹介している影響も大きいようです。

ボストンではもうひとり、エリック・マーカスさんにもインタビューしました。彼はビーガンという完全菜食主義の食事法のリーダーです。これは、肉や卵や牛乳、チーズや魚、かまぼこ、たらこ、じゃこ、にぼしなどの動物性タンパク質を避けるもの。日本でも『もう肉も卵も牛乳もいらない！』という彼の本が翻訳出版されています。

日本では肉を食べないといっても、そんなにびっくりされませんが、肉食大国アメリカでビーガンを実践するのは結構大変なことです。エリック・マーカスさんは毎週講演会で全米を飛び回り、本を発表し、ポッドキャスト放送局で毎日番組を録音してはオンエアし、肉を食べなくても人間は生きていけるんだよ、ということを発信しつづけていました。「ビーガンは高い、めんどくさい、おいしくない、と誤解されている。でも本当は、安くて、カンタンで、おいしいんだ」。

料理を作るのがめんどくさい人でも、お金持ちじゃなくても、ビーガンになれる。日本はたしかに肉抜きの食事をとるのにあまり困らない国です。どんな街でも蕎麦屋ぐらいあるし、だしに目をつぶれば、もりそばをたのめばいいし、一番安いし。話を聞いていて、エリックが日本に来たらどんなに喜ぶだろうか、と思ってしまいました。

エココロが雑誌になった

このような内容が詰まった雑誌『コンポジット』のエココロ特集の評判がよかったので、私が編集主幹となって『エココロ』という雑誌が発行できることになりました。二〇〇五年十一月二十五日に宮沢りえさんがホワイトバンドをしている表紙で一号を創刊。それから四号まで、仕事や引っ越し、ヨガを特集した隔月刊時代を経て、二〇〇六年七月一日には月刊化して、長谷川京子さんの表紙とお金特集で発刊しました。その後も、ハイキングにカラダと、エコと女性のライフスタイルへの関心がクロスする特集づくりにチャレンジしています。

3Rプロジェクト

二〇〇五年の春、経済産業省の人から、「リデュース・リユース・リサイクル」の3R（スリーアール）をもっと広めたいのだけど、なにかいいアイディアはないだろうか、と聞かれました。

そのとき私がふと思いついたのは、フライタグというスイスの兄弟が作ったバッグのブランドのことでした。フライタグは、若者エコ・ベンチャーの世界のトップランナーです。廃品のトラックの幌や、テント、旅客機や自動車のシートベルトをそのまま再利用してバッグを作っています。当然ひとつひとつ柄が違いますし、手作りです。どれも世界に一点だけの自分のものというプレミア感があって、値段はけっこうお高くてもヨーロッパでは大人気。日本でもセレクトショップを通じて買えるようになり、このごろでは街でもよく見かけるようになりました。

日本の3Rをどうするかという会議では、日本の主婦は潔癖だから人が使ったものなんか買うわけがない、だからきっと作っても売れなくて失敗する、という意見が主流でした。それだけ聞いていると、3Rは時期尚早かも、と思えます。

でもフリーマーケットと呼ばれる不要品交換会は、すでに全国で数えきれないほど開かれていますし、自分が着なくなった服を自宅の車庫で売る「ガレージセール」もよく見かけます。赤ちゃんが生まれたときに利用するベビー用品レンタルは、ベビーカーからベッド、ベビーサークル、イス、歩行器と多岐にわたっています。日本の主婦がそれほど潔癖性なら、生まれたばかりの自分の赤ん坊に、他の人が使ったベッドやチャイルドシートを使わせたりするでしょうか。こんなにベビー用品レンタル屋さんが営業しているでしょうか。

リユース商品開発の可能性を探っていくうちに、廃品を利用することがいいことなのか、よくないことなのか、判断がつきかねる人が多い、ということがだんだんわかってきました。ホテルの防炎カーテンやベッドカバーは部屋のリフォームで定期的にゴミになるけれど、燃えないだけに処分に困る、という話を聞いて、それをください、それでドレスやコートを作ってファッションショーをしましょう、と言いに行きました。すると、そのままの形で使われると困る、あそこのホテルはゴミで出したものをもう一度使っているのかといわれて、評判が悪くなるというのです。

なるほど、主婦が潔癖というよりは、旦那さまが潔癖と言ったほうがよさそうだな、と思いました。要するに、それはいいことなんですよ、それをしないと地球と人類は近いうちにダメになってしまうのですよ、というアナウンスが足りないのです。

調べてみると、日本は一年間に繊維ゴミを二百七万トン出していることがわかりました。その中には未使用のまま、ロールの状態で捨てられる生地もたくさんあります。そこで経済産業省と協力してリスペクト・3Rプロジェクトを立ち上げ、ロールのまま捨てられる大量の生地の一部をいろいろな会社から譲ってもらい、それでレジ袋の代わりになるエコバッグとドレスを作り、ほしい人を募って、どのくらいニーズがあるのかを調べることにしました。

エコバッグとドレスは、エコに関心の高いことで有名な人気スタイリスト伏見京子さんにプロデュースしていただきました。ウェブサイトを制作してここで希望を募り、その告知を雑誌『エココロ』と『コンシャス』というエコ雑誌に掲載しました。

エコバッグは応募総数千六百通、ドレスは六十通を超える応募があり、廃品利用素材でもハイクオリティグッズとして需要は創出できそうだ、という結果が導き出されました。日本人が潔癖性だから3Rが進まないのではなくて、発信する情報の表現の作り方や、商品のクオリティの高め方に注意すれば、3R商品がほしい、という潜在ニーズは掘り起こせる。そのためには、表現を作る才能のキャスティングがとても大事、ということがわかりました。

環境先進国スウェーデンを体験

二〇〇六年一月三十日に、スウェーデンのストックホルムへ行ってきました。環境先進国といわれる北欧がどのくらい進んでいるのかを、この目で確かめてみたかったのです。

まずびっくりしたのは、ホテルの中がほんとうに薄暗かったこと。カメラの露出が足りず、ブレている写真ばかりになってしまいました。でも、資源は徹底的に大切にされていました。また、お互いの意見を尊重しあって、とことん話し合って決めようとする民主主義の姿勢もすばらしい。そう現地の人に言ったら、「私たちは仲良くしていないと寒さで死んでしまうから。仲良くしない遺伝子は生き残らないんだ」と言われました。

『エココロ』を持ち歩き、こういう環境がテーマのライフスタイル誌はないですか、と探してみましたが、見つかりませんでした。雑誌業界の人に聞いてみると、「北欧では一九九〇年ごろ環境がブームだったけれど、いまの若い人たちはそれを古いものと感じてしまっている。環境問題はいまだに新しい問題なのに」と言っていました。環境先進国でも世代間ギャップがあるのか、と意外に思いました。

フードマイレージ

二〇〇六年二月二日、スウェーデン南端のルンドにあるルンド大学でサステナブル・デザインを教えているオロフ・コルテ教授にインタビューしました。コルテ教授はいろいろ教えてくれたあと、ピークオイル問題の映画を見たか、と言って、『ジ・エンド・オブ・サバービア』をまるまる一本見せてくれました。ピークオイル問題とは、世界の石油生産がピークに達し、下降し始めたときに人々は社会変革を余儀なくされるというものです。

北欧はエコが進んでいるけれど、コルテ教授が面白いと思っている国はどこですか、と質問してみたところ、「いろいろへんなところもあるけれど、アメリカだよ。いまアメリカが面白いね」と断言していました。そのときはとても驚きましたが、いまは私もそうかも、と思っています。

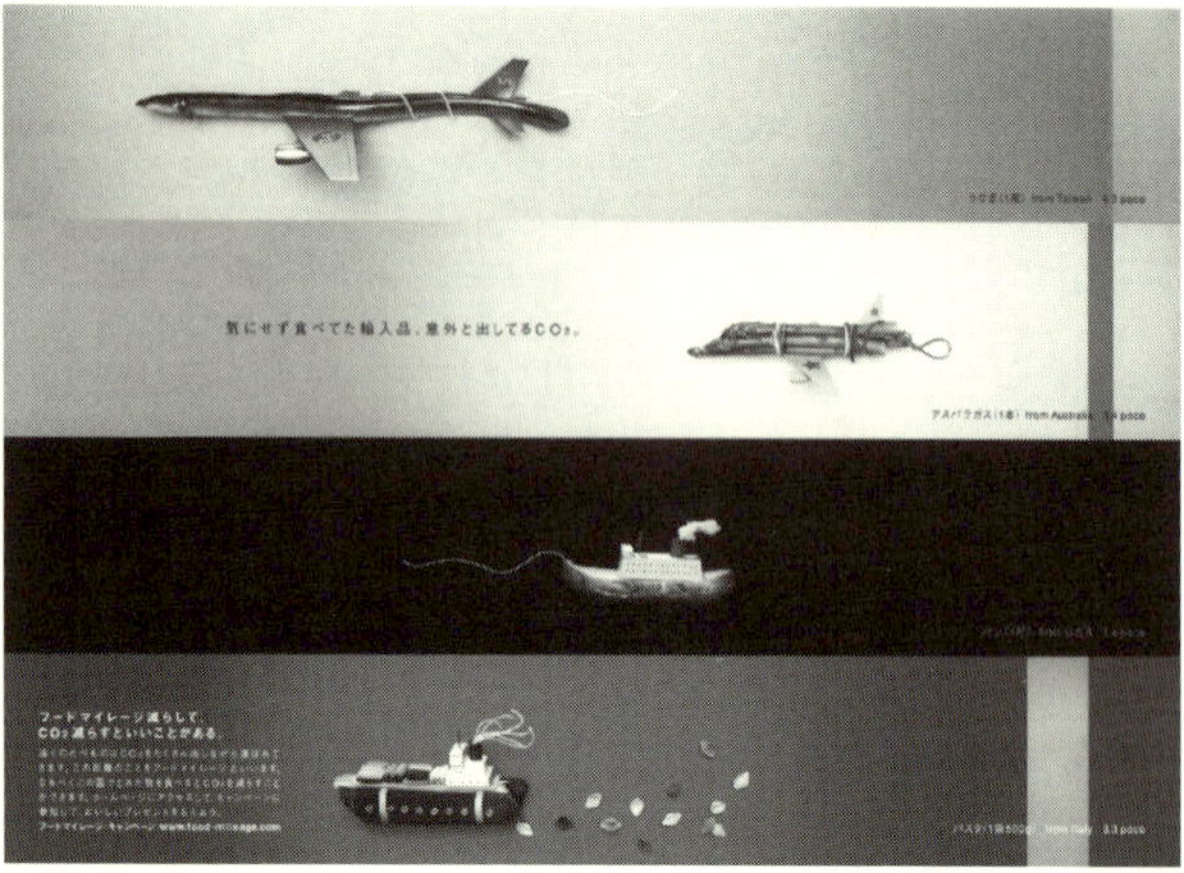

「フードマイレージ・キャンペーン」ポスター（大地を守る会、2005年10月）

自分も自己紹介がてら、二年前に作ったフードマイレージのホームページを見せて説明しました。ちょうどオロフ・コルテ・ゼミの学生の展覧会に、ウッドマイレージ（材木の重さと輸送距離から算出されるCO_2排出量）を扱った作品があったからです。

フードマイレージというのは、食料の移動距離のこと。遠い国から運ばれてくる食料は、運ぶためにエネルギーを使っていて、その分CO_2が排出されています。運ばれる距離の短い国産品を意識的に買うことで、無意識だったときよりも、CO_2を削減できるというのがメッセージです。目安を作って、地産地消に近い食生活をしよう、と呼びかけるキャンペーンを大地を守る会が運営し、サステナがお手伝いしています。フードマイレージのホームページは、七十品目の食べもののアイコンがずらりと並び、クリックすると距離が計算され、地球上を運ばれてくる食品の軌跡が描かれるという人気サイトです。

オロフ・コルテ教授にこのホームページを見せたら、すごいじゃないか、と誉められ、なんで日本語版しかないの、と怒られました。

平和を作る人

二〇〇六年三月ごろ、伊勢﨑賢治さんから紛争を予防するネットワークを作りたい、と連絡がありました。

伊勢﨑さんは学生時代に留学していたインドでスラムの住民運動に関わり、住民代表に選出され、インド政府との交渉を勝ち取って国外退去させられました。帰国後、プラン・インターナショナルというNGOの職員となり、内戦激化のシエラレオネに勤務。その後いったん撤退し、NGOの世界から離れ、焦土と化した東チモールの国連暫定統治機構でもっとも危険な地域の知事に就任。またシエラレオネに戻り、国連PKOの幹部として武装解除を担当、内戦を終結させ、その後アフガニスタンでも自衛隊を使わず武装解除――。

軍隊や兵士というものと、とことん向き合ってきた、具体的に平和を作るピースメーカーで、『武装解除──紛争屋が見た世界』というエキサイティングな著書をお持ちです。伊勢﨑さんの言葉は素朴でいつも強いものです。

「本来であれば憲法は変えてもいいはずだけど、現実いまのままの日本で憲法九条がなくなるのは非常に危険。そういう意味でぼくは現実的護憲派」「ぼくは社会の最底辺のために働きたい人間だと思うんですよ。社会の最底辺の、一番の弱者っていうのは、兵士なんです。紛争に利用される民兵やゲリラ兵は、実は社会の最底辺の、一番の弱者なんです」

そんな伊勢﨑さんの新しい構想は、「戦争の前には必ず火種がある。火種のうちに消すことができれば、戦争は防ぐことができる。これまでのほとんどの戦争はそういう火種が消せなかった結果として起こっている」という考え方に基づく、和平の網。そして世界には、その和平の網を可能にする火種マップも、火消し担当者連絡先リストもすでにあるというのです。

それらをきちんと情報デザインし、いざ火種が熱くなってきたときに、すぐにSOSを出せて、即、資金援助や手助けが世界中から集まってくるようなしくみができないか。伊勢﨑さんの頭の中の理想形をきちんと具体化することができれば、新しい戦争の抑止力になりそうです。

ピースボートでのさまざまな出会い

二〇〇六年三月、ピースボートに乗って、タヒチからフィジー、パプアニューギニアまで行きました。船の名前は「トパーズ号」。一千五百人もの人々を乗せることができる大型客船です。そこへ会社を定年したり早期退職したりした年配の方たち、九十歳のおじいさん、二十歳になるかならないかの若者、学生、元ＯＬさん、元スチュワーデスさん、元看護婦さん、などなどバラエティにとんだ人たちが集まっていました。

乗ってみて思ったのは、カルチャー・ギャップを超えるのは、意外と簡単なことなのかもしれない、ということと、意外と船は早く進む、というふたつのことでした。

ピースボートは、乗っているだけで、次から次へと活動家が乗ってきます。いろいろな主義主張を持った人たちですが、もっといい世の中にしたい、もっとみんなと話し合いたい、もっと希望を持ちたい、という気持ちは一緒です。

ニュージーランドで二〇〇三年のベストアルバム賞に輝いた人気バンド、ロンバスや、未来バンク事業組合というＮＰＯバンクを運営していて、ap bank のアドバイザーもしている田中優さんも乗船してきました。

毎晩ぎっしりトークショーが行われます。毎晩がパーティでお祭りなのですが、その内容はユーモアありのシリアス。みんなと話している間に泣いてしまう人がいるのには、ちょっと驚きました。言いたいことがうまく言えないもどかしさで涙が出てしまうのです。でも、泣く自由もある、という意味でいい経験だと思います。

辻信一さんや田中優さんと合宿状態だったのが楽しかったのはもちろんですが、何人もの個性的な若い人と出会えたのも大きな収穫でした。

元ゲリラのピースメーカー

船を降りたラバウルのホテルで、一緒にピースボートに乗っていたジェームズ・タニスさんというブーゲンビル島の元ゲリラ（いまはピースメーカー）とビールを飲みました。ブーゲンビル島は鉱物資源に恵まれた、貧しいパプアニューギニアにとっては、うらやましい島です。なぜか、パプアニューギニアの先のソロモン諸島のそのまた先に位置しているのに、パプアニューギニアに属しています。人種的にもパプアニューギニアよりもソロモン人に近いという人もいました。

そのタニスさんから聞いた面白い話は、こうです。

彼は、独立をめぐって内戦していた人口十六万人のブーゲンビル島の一ゲリラ兵士でしたが、ある日、死ぬのがこわくなり、なぜ両者とも独立したがっているのに戦争をしているのだろうかと疑問に思いました。いろいろ調べてみると、どうも鉱山開発の会社が関わっているようです。

ブーゲンビル島は当時パプアニューギニアの統治下にありました。ところが金、銀、銅に恵まれていたがために、オーストラリアからリオ・チント・ジンク社の子会社がやってきて、鉱山開発が始まります。立ち退きや汚染の広がりが問題になりました。ところが鉱山開発の税収入は、ほとんどパプアニューギニアに行ってしまいます。

やがてブーゲンビルの人たちは汚染に抗議するようになりました。独立すれば企業の営業権を停止することもできます。ブーゲンビルの島に打撃を与えるような、サステナブルでない鉱山開発はやめて、環境負荷のあまりない開発か、ほかのビジネスをすることも可能です。とにかく開発の主目的が、住んでいる人のためにならないというのはおかしい。

ところが独立の話が出るようになると、対立する陣営が出てきました。するとどこからか武器が供給されるようになりました。誰が武器を供給したか、それは両者が殺し合いをすることで、一番利益を得る人たちなのではないでしょうか。推測でモノを言うのはいけませんが、貨幣経済を持っていなかったブーゲンビルの人たちが、銃を買えるわけがないのではないでしょうか。

戦争をしていたタニスさんは、学校にも行ったことがないそうです。ところが私たちが会ったときのタニスさんは英語がぺらぺら。私たちがついていけずに、それはどう書くの、と聞くと、次から次へときれいな字で正しいスペルを教えてくれました。必死になると覚えるものだよね、とタニスさんは笑っていました。

そしてついにタニスさんは、このまま戦っていてはいけない、と思うようになり、相手に「私たちはあなたたちを殺したくないよ」と伝える三つの作戦を実行しました。一つ目は、敵に遭遇したら、わざと頭の上のほうに外して打つ。二つ目は、壁に「We love you」と落書きをする。ビラもまく。人口が十六万人の狭い島ですから、両陣営といっても親戚なのに敵味方になってしまった、ということがよくあったそうです。三つ目は、ばったり出会ったときに、おどけて手を振って一目散に逃げる。

作戦は成功し、兵士同士の殺し合いは止まりました。次は自分たちの上官への説得です。自分たちの武器を集めて直談判。もう自分たちは殺し合うのは嫌だ。もしそれでも続けるというのなら、自分でやってくれ。そういって銃を押し返したところ、上官は何も反論せず、「それで戦争は終わった」(タニスさん)のだそうです。

戦争が終わり、武装解除もし、パプアニューギニアからの独立交渉もうまくすすんでいるようですが、タニスさんは今も不眠症に悩まされています。ふたりいた武装解除の仲間はふたりともストレスから自殺してしまいました。朝五時が襲撃の時間だったため、夜は遅くまで眠れず、朝は五時前に必ず目が覚めてしまうそうです。自分の手で地域の平和を勝ち取ってきたタニスさんの精神と肉体に、一日も早く健康と平和が訪れますように。

第7章　エコシフトのこれから

エンターテインメントと啓発の両立

『不都合な真実』というアル・ゴア元米国副大統領自身が全編にわたって出演した、地球温暖化防止を訴える講演録ドキュメンタリー映画を見ました。当初は全米で七十七館のみの上映だったにもかかわらず、興行成績が上位十位以内。アメリカでタクシーに乗ると、運転手さんが「ゴアの映画、見たか、まだなら見たほうがいいぞ」と話しかけてくるほどの話題作です。

アル・ゴアは二〇〇〇年の大統領選で、一般投票結果ではジョージ・W・ブッシュを上回りながら、最終的に敗れました。失意に打ちひしがれたゴアは、ひとりでゴロゴロとトランクを引きずって、単身出張の講演会を繰り返し、地球温暖化を伝えるという取り組みへ邁進《まいしん》します。ゴアは学生のとき、温暖化問題の第一人者の教授のゼミ生だったのです。この映画を先に見ていたらゴアに投票したのに、という人がたくさんいるそうです。

近年、エンターテインメントと啓発の両立した映画が次々に出現しています。マイケル・ムーアが有名ですが、ほかにもクオリティが高く、テーマは高尚でも面白い映画はいっぱいあります。

ファストフード外食産業をモーガン・スパーロック監督自ら実証したコミカルな『スー

パーサイズ・ミー』、マイケル・ムーアの『華氏911』、ピークオイルを取り上げた『ジ・エンド・オブ・サバービア』、ニコラス・ケイジがリアルに武器商人を演じる『ロード・オブ・ウォー』、たばこの発ガン性を内部告発した会社員を演じるラッセル・クロウと、彼を守ろうとするテレビ局プロデューサーを演じるアル・パチーノが見ものの『インサイダー』。

アメリカ最大の公害訴訟を勝ち取る、はすっぱでエロカッコイイ弁護士助手を演じるジュリア・ロバーツがすてきな『エリン・ブロコビッチ』、グローバリゼーションがもっとも手っ取り早くわかる、高名なインドの環境思想家で農業活動家のヴァンダナ・シヴァも出演しているインタビュー映画『ザ・コーポレーション』、アメリカの良心と呼ばれる言語学者チョムスキーの人柄にせまった講演映画『チョムスキー9・11』などなど。

日本人でも『リトル・バーズ〜イラク 戦火の家族たち』の綿井健陽《たけはる》さんが健闘中です。数人でとった映画が世の中を変える、そんなことが現実に起きていて、いま映画はもっとも面白い、社会活動の場かもしれません。

『ダーウィンの悪夢』

二〇〇四年、ヨーロッパで『ダーウィンの悪夢』という映画が公開され、社会に大きな衝撃を与えました。アフリカ・タンザニアのヴィクトリア湖で獲れる巨大な白身魚ナイルパーチが、近代的な工場で加工され、世界に輸出されていく一方で、現地では貧困が悪化し、不幸が広がっていくというグローバリゼーションの悪夢。その現実を総勢五人のスタッフで撮影・編集して、それまで目に見えなかったグローバリゼーションのむき出しの姿が迫ってくる映画にしてしまったのです。

ナイルパーチという魚の名前は知らないかもしれませんが、実は日本は世界第二位のナイルパーチ輸入国です。大手水産会社や商社によって輸入され、学校給食やお弁当屋さん、ファミリーレストランで白身魚のフライになっています。でも、なぜ現地の雇用を生み出しているのに、それが貧困の原因、環境破壊だと言われなければならないのでしょうか。

現地が圧倒的な輸出偏重の経済体制になると、貧困状態が加速します。この場合、「貧困」というのは「お金がない」状態ではありません。お金持ちが多少増えても、お金のないどん底の生活に陥っている人が増えれば、それは貧困です。つまり「現地に雇用を生み出す＝貧困脱却」ではないということです。

家もなく親もいない子どもたちは、空腹を癒すためにプラスチックの梱包材を炎であぶって溶かしたものを食べて命を失い、若い女性は売春し殺され、女の子は性的暴力から逃れるために小さな子どもたちの群れのなかで暮らし、エイズは猛威を振るい、大人の男たちは「戦争になったらいいお金になる仕事ができるのに」と、まるで戦争を心待ちにしているかのような口をきく――。『ダーウィンの悪夢』で、カメラがとらえたヴィクトリア湖畔の町の光景です。

いまの地球上で、これはけっして極端な例ではありません。ごくありふれた光景と言ってもいいでしょう。そしてその責任の大部分は、実は私たち、先進国の人間の生活にある、ということはまだあまり知られていません。

完全情報なんてありえない

たとえば、日本は世界一のエビ輸入国です。あるエビの産地でエビの頭だけが売られているのを見た日本人女性が、「ここの人はエビの頭が好きなの?」と聞いたら、「身は日本に行くからここでは売ってないし食べられないのよ」と笑われ、ショックを受けたそうです。また、エビの養殖はマングローブ林を伐採して作った養殖場で行われるのですが、マングローブ林は一度伐採すると再生しないと言われています。

『ダーウィンの悪夢』でも、現地の人はナイルパーチの身が食べられず、アラを干して油で揚げて売っているものを食べていました。そのナイルパーチ・アラフライ場の地獄絵図が、この映画のなかで一番衝撃的な映像でした。アンモニアで目が飛び出してしまった女の人の足に、山ほどウジがまとわりついているのです。もちろんこれから食べるというアラにも。

このようなひどい現実を改善するため、世界ではフェアトレード（搾取をしない公正な貿易）という概念が広まっています。意外に思われるかもしれませんが、日本はフェアトレード発祥の地と言えそうです。フェアトレードの歴史の長い英国で、初めてフェアトレード・ファッションショーを開いたブランドは「ピープル・ツリー」。これはインド系イギリス人のサフィア・ミニーさんが日本で興したブランドで、本店は東京・自由ケ丘にあります。

フェアトレードのチョコレートは、欧米では社会的な関心の高い人たちに人気の商品です。日本でもそのきざしはないかしらと仲間が調べてくれました。日本のチョコレートの協会に電話をして、これからチョコレートをフェアトレードにしていく計画はありませんか、と質問したところ、フェアトレードという言葉自体をあまり理解されていない様子。その必要性を感じないですか、と聞くと、そんな電話初めてもらった、とびっくりしていたそうです。

もちろん、だからどうなの？　と思う人もいるかもしれません。資本主義経済ってそういうことじゃないの、と。でも、経済学はもともと哲学から起こった学問で、発端になっているのは「最大多数の最大幸福」という考え方です。

近代経済学の祖アダム・スミスは、有名な「神の見えざる手（レッセ・フェール）」という言葉で自由資本主義を拓きました。経済が国によって強く統制されていた時代に、「そんなことをしなくても、自然にまかせておけばうまくいく」と言ったのです。なぜかというと、「人間には共感性があるから」。つまり彼は、自由資本主義経済の条件として、人間の共感性を考えていました。アダム・スミスは初期のころに書いたとされる『道徳情操論』のなかでこんなことを言っています。

「だってあなたの前でひとが泣いていたら、あなたも涙がこぼれるでしょう？　それが人間なのです。そのシンパシー（共感性）は、人間なら誰にでも備わっているものなのです」

経済は、情報が完全に行き渡っている状態であるなら、経済主体それぞれにまかせておけば自然にうまくいく。だから神の手にまかせればいい。国が口を出さなくていい……と続く考えのおもとには、アダム・スミスの人間に対する信頼がありました。けっして弱肉強食的な資本主義経済を思い描いていたわけではないのです。アダム・スミスはなんていい人なんでしょう。みんながアダム・スミスのような人だったら、『ダーウィンの悪夢』のような惨劇はたしかに起こらなかったと思います。

でも、こんなに交通手段が発達し、地球の裏側からナイルパーチやブルーベリーやアスパラガスが飛行機に乗って飛んでくる世の中になるとは、アダム・スミスも考え及ばなかったに違いありません。あるいは、交通手段が発達すれば、同じように情報手段も発達するはずだと考えていたのかも知れません。いま地球の裏側ではたくさんの人たちが泣いています。でも私たちには、その涙はごくたまにしか見えません。悲惨な現実を、私たちは見ないですむ社会になっていて、そこから誰かが利益を得ているのではないでしょうか。

経済学の講義を聴いていて愕然としたのは、経済学の重要な前提（あくまで仮定ですが）のひとつに、この「情報がすぐに行き渡るものとする」という一文があったことです。現実的には、そんなコンプリート・インフォメーション（完全情報）はありえません。チベットの山奥でダライ・ラマが追放されて死にそうになってヒマラヤ越えしていたって、タンザニアの人たちが獲ったナイルパーチの身を日本人が食べていて、そのウジがわいたアラを油で揚げてタンザニアの人が食べていたとしても、そんな情報が「すぐに行き渡る」なんて、ありえません。グローバリゼーションが猛威を振るい始めている今、コミュニケーションの仕事はそれよりも高いクオリティで巻き返しを図らなくてはなりません。

システム思考

いっぺんにたくさんのことを考えることを、システム思考と言います。というより、「いっぺんにたくさんのことを合理的に考えることは可能だ」と考えて、それを実践する方法がシステム思考、と言ったほうがいいのかもしれません。海外では一般的ですが、日本ではあまり行き渡っていないことのひとつで、枝廣淳子さんがワークショップを開いて、取り組んでいます。

たとえば環境の問題は、たくさんの事象、まさに森羅万象がからみあっている問題です。それらを解きほぐして問題を解決するためには、これとこれはよく知らないから考えないことにする、というように切り捨てるわけにはいきません。システム思考を使って、全部いっぺんに考えることが必要なのです。

『成長の限界』を書いたドネラ・メドウズとデニス・メドウズは、システム思考の学者でした。彼らはシステム思考を使って、地球と人類の未来を分析しました。アリス・ウォータースのエディブル・スクールヤード運動と、その仲間のエコ・リテラシーという活動にも、システム思考が使われていました。

センター・フォー・エコリテラシーがまとめた『食育菜園』の訳者、ペブル・スタジオの堀口博子さんが言うには、「八つぐらいのことをいっぺんに考えてやりくりするのはできること」だそうです。どうも、そこにエコシフトの鍵があるように思います。対立するものを排除すれば、話し合いの効率は上がるかもしれません。でも、そうしてしまうと、多様性が損なわれ、せっかく合理的に話し合ったはずの結果が的外れだったり、うまく現実の世界で機能しなかったりします。

まず自分と対立する考えを積極的に取り込もうとすること。それが肝心で、これからはこのスタイルの話し合いが増えていくことが考えられます。

エコシフトに必要なもの

生活から人の意識が離れてきてしまっています。特に男の人は、食材の買い物をすることが少なく、それが環境問題にリアリティが持てない要因のひとつになっています。けれど、これからますます美容と健康への関心が高まり、有機食材やフェアトレード食品に関する情報供給も増えるでしょう。

どんな食材をどうやって手に入れ、どうやって料理して誰とどうやって食べるか、掃除や片付け、洗濯や子どもを育てるとはどういうことか。当たり前のことですが、生活とはそういうことです。子どもが育てられない社会という時点で、それは貧困状態であり、悪環境のはじまりなのかもしれません。

一方で、コミュニケーションにたずさわる人がこれから増えてくるきざしがあります。情報をどう受け止めるかというメディア・リテラシーも大事ですが、これからは発信することも重要です。民主主義というのは、すべての人が情報を受け取り、発信し、意見交換する、つまり、話し合うことが前提となって設計されています。人間に共感性がある前提で設計されている自由資本主義経済を、ほんとうの自由資本主義経済にするためにも、情報が滞りなく受信され、表現豊かに発信される、その両方が必要です。

そのためにもインターネットの発達は欠かせません。というより、唯一の希望といった観すらあります。そして、表現というコンテンツ作りやソーシャル・エンターテインメントなどの楽しみながら社会問題の勉強になる娯楽の形が増えてきます。表現はコミュニケーションの質でもあり、今後ますます社会的メッセージの表現技術は向上していくことでしょう。

そしてポリシー。政策と言ってもいいのですが、残念ながらまだ日本では、一般の人にとって「自分がやるのだ」という実感のない言葉です。どちらかというと、自分なんかがやっちゃっていいの、という感じかもしれません。

でも本来、政策は「一般人の担当」なのです。そのことを意外に感じる人がいるとすれば、それは教育が行き届いていないせいです。民主主義というのは、そもそも既成概念を突破しつづけ、必要な法律を、普通の人たちの判断で、次々作っていくシステムです。今後は少しずつでも、ひとりひとりの普通の人の意思を、政策という形にしていく事例が増えていくでしょう。

「グローバリゼーション」は、市民の力や国の力を超えてしまった「利益体」が、自分でもブレーキを踏めずに（というかブレーキが設計されていなかったのかもしれませんが）、暴走している観があります。落ち着かせてあげ、これ以上、不本意な悪さができないように、ならしていかないといけません。それには個々人とNGOと国と国連の力を合わせることが必要です。

民主主義のセンス

NGO（NPOも含めて）が、これからの時代のキーワードになるでしょう。国家、企業、そしてもうひとつの、一般の人の力がイシュー（項目）別に集まる場としてのNGOです。

ベルナール・クシュネルという国境なき医師団の創設者は、フランス人道援助省の大臣に任命されたり、国連コソボ特別代表代理に任命されたりしました。世界でもっとも有名な日本人女性は、緒方貞子とオノ・ヨーコといわれていますが、緒方貞子さんはUNHC

R国連難民高等弁務官として世界に名を馳せました。NGO職員と国連職員は間柄が近く、その間をいったりきたりする人もよくいます。このNGO職員、国連職員という職業が、若い人たちのあこがれになりつつあります。

民主主義のセンスを培うのは初等教育です。幼稚園や小学校の先生が、意識的に民主主義のセンスやエッセンス、コミュニケーションの技術、メディア・リテラシーを教えなければ、その後、大人になったとき、民主主義のメリットを享受するのは難しいかもしれません。教育の影響といえば、アリス・ウォータースもモンテッソーリ教育（イタリア初の女性医師マリア・モンテッソーリが独自に確立した感覚教育法）の学校で育ったそうです。

クリエイティビティと民主主義センスの高い子どもたちのための教育へとシフトしてもらいたい。教育の現場の改善に、システム思考はとても有用です。システム思考を使って、ベイエリアのエディブル・スクールヤードのような、おいしくて、子どもたちもよろこぶ、柔軟で楽しいカリキュラムを導入していただきたいと切に思います。

第8章　あなたもできるエコシフト

自分を変える、社会を変える

エコシフトは、国連だとか政府だとか自由資本主義だとか、大きな話につながっていながら、日々のひとりひとりのライフスタイルの小さくて身近な話でもあり、さらに自分がやることが人に影響を与えるという、いろいろ混ざっている楽しい作業です。たとえ誰にも成果を自慢できなくとも、未来を能動的に作ることで、実際に未来が救われたとしたら、ひそかに大満足して、孫子の代まで語り継げるほどの重大ミッションでもあります。

とはいえ、力こぶをつくる必要はありません。まずは簡単なところからはじめてみましょう。

ざっくり言うと、エコシフトとは、人類の生き残りをかけて、人々の認識を変え、社会のしくみや政治のしくみやメディアのしくみを変え、経済のしくみを変えることです。しくみ、というのは役割分担と言ってもいいかもしれません。

日本の場合、知識がないというより、知識はあるのに片寄っていて、話し合いが共有されていないということのほうが、今後ますます問題になってくるように感じます。二十一世紀は「すべてバレる」時代です。アカウンタビリティ（説明責任）は、官僚にも企業経営陣にもNGOリーダーにも、そして一般の個人にも求められるようになってきました。

自分のライフスタイルを見直すことと、NGOに参加してアドボカシー（政策提言）することと、どちらもぜひやってください。いっぺんに両方は無理と思う方は、得意なほうからどうぞ。そこから徐々に、「自分を変えること」と「社会を変えること」の両方に向き合ってください。

社会のしくみを変えるということは、暴力を振るうということでも、ゲバ棒を振り回すということでもありません。非暴力でも社会を変えることは可能です。

でも、まったく暴力を使わなかったとしても、人間というのは変化に弱い生き物なので、たとえば引っ越しや子どもが結婚したというおめでたい変化でも、ストレスから精神的にまいってしまうことがあります。社会のしくみを変えるときには、このストレスケアが忘れられがちです。

人間には変化のストレスに強い人と弱い人がいます。社会を変える過程で、変化のストレスに弱い人間を切り捨てるようなことがあってはいけません。そのためにも、ストレスがなるべく少ない変化の方法を選択し、それが無理ならケアを手厚く準備する、という方法が必要です。いずれにしろ社会を変えることは多くの人にストレスを与えるけれど、いま社会を変え始めなければ人類は生き残れない、ということをみんなで共有することが、最低限必要なことです。

NGO支援の仕方

繰り返しになりますが、日本は民主主義の国ですから、意思決定の責任は選挙権をもつ人にあります。意思決定の集積が国政であり、みんなの意思を集めるしくみが投票です。そのデザインがうまく機能するには、情報が行き渡っていることと、投票が機能していることが条件です。それを補完しているのがNGOなどの市民活動です（NGOやNPOや個人の活動など、市民社会活動をひっくるめて、このごろはCSO（Civil Society Organization）と呼ぶことが国際社会ではトレンドになってきました）。ほんとうは、民主主義がばっちり機能するようになってから、エコシフトの時代になればよかったのですが、まだこちらも途中だったので、NGOなどの力が欠かせません。

さらに国益を超える人類の生き残り、という話をしなければならないときにもNGOの力は欠かせません。NGOは自分たちの目標達成を手伝ってくれる人や資金を常に必要としています。

たとえば日本自然保護協会の個人会員の会費は一年に五千円ですが、隔月で会報誌が届くので、一冊にすると八百三十三円。それで日本の自然の危機的状況や守っている人たちの現場がわかり、さらに具体的に関係省庁との交渉や政策提言やマスコミへの正しい情報提供もしていて、ひと月約四百二十円は安いと思います。

しかし、その会員は二万二千人しかいません。人口一千六百万人のオランダでは、グリーンピースの会員は人口の5％、八十万人です。もし日本で人口の5％が会員になったら、六百万人を超える規模になります。野鳥の会、WWF、グリーンピース・ジャパンの会員と合計しても十一万人ですから、現状はやっぱり厳しい。日本自然保護協会の単体の会員がせめて二十万人ぐらいにならないと、日本は健全なアドボカシーが機能している市民社会とは言えないと思います。

会員が増えると、NGOは財政基盤が安定しますから、安定的な活動計画を立てられ、活動もしっかりできます。一般会員としてNGOの活動を支える、運営にアドバイスするというのも、エコシフトを進める、大事な行動のひとつです。

さらにプロフェッショナルなスキルで支援したいという方、活動自体に参加したい、職員として就職したい方は、先方の相談に乗ってくれる人の時間をとることになるので、自分ができることをわかりやすく書いて、先にメールで送り面会を申し込むなど、それぞれの会の負担にならないよう配慮したうえ、お問い合わせください。だいたいどこも、時間ギリギリで活動している、余裕のない状態ですので。

また気に入ったところがないな、という場合は、NGOを自分で作ってください。すべてのNGOは、ひとりの市民の心意気から始まっています。

巻末に載せたNGOのリストは、ぱっと思い出すところを書きとめたものです。それぞれのNGOのキャッチフレーズも私見によるものです。うっかり入れ忘れたところもあるかもしれませんが、ご参考までに。

それから、行動というと、手足を使って、どこかに行って、という気がしますが、情報を集め、わかりやすくして、あるいは自分の見解も添えて、ひとに教えてあげるというのも、地味なようでいてとても大事なアクションです。

情報は、自分の意見を加えることで、ぐっとわかりやすくなります。情報に人が反応するのではなく、情報でどう自分の心が動いたかが、人の心と行動を動かすのです。自分の意見を人に言ってみる、ということにチャレンジしてみてください。

これまでに紹介した、女性のライフスタイル・ジャーナル誌『エココロ』、環境誌のパイオニア『ソトコト』、東京FMのラジオ番組『Hummingbird』、テレビ朝日系のテレビ番組「素敵な宇宙船地球号」のラスト三十秒に流れる「エコロテレビ」なども手軽な情報源でしょう。

単位はポコ

自分のライフスタイルをできる範囲で少しずつ変えていきながら、NGOの活動を支え、自分の地域の政治家にも働きかけて行く、その目印になるのが、エネルギーと自然資源の使われ方です。

100gのCO_2を1ポコ(poco)と言います。ポコというのは、CO_2の目安単位です。CO_2のかたまりであるドライアイスを水にいれると、ぽこぽこと音がするので「ポコ」。またイタリア語やスペイン語で「すこしずつ」というのも「poco a poco(ポコアポコ)」。すこしずつCO_2を減らしていこう、という意味も込められています。

1ポコがどれぐらいのものなのかは、スーパーでもらう10gのレジ袋を考えるとイメージしやすいと思います。レジ袋は作るときに30g、燃やすときに31gのCO_2が出ます。そうすると合計が61g。つまりマイバッグを持って買い物に行き、「あ、けっこうです」といってレジ袋を二枚もらわなかったときに、あなたがセーブするCO_2の合計量がだいたい1ポコ、というわけです。

ちなみにガソリン1リットルは23ポコ、でんき1キロワットは3・6ポコ、灯油1リットルは25ポコ、都市ガス1立方メートルは21ポコ、プロパンガス1立方メートルは63ポコです。

CO_2はいろいろなところから出ています。大きいのは発電所、そして自動車。自然エネルギーへの転換政策を進めるように働きかけたり、原子力発電のリスクについての情報共有をすすめたりすることは、とても大事なことです。そこで活動しているNGOがいることを知ったり、ホームページをのぞいて情報を読んだりすることも、エコシフトの一歩です。

ポコでいうと、京都議定書の目標値はどのくらいなのか、計算してみました。

二〇〇四年の日本のCO_2排出量は13億2900万トン。これを日本の全人口で割ると、だいたいひとり10・4トン。一日あたりのポコになおすと、ひとりあたり285ポコです。ここからたとえば京都議定書の目標値「マイナス6%」を計算すると、赤ちゃんからおとしよりまで全員が一日に17ポコ減らせれば、京都議定書を守れる計算になります。もっとも京都議定書の基準年は一九九〇年（CO_2排出量は12億3700万トン）ですし、赤ちゃんやおとしよりはそこまでできないだろうから、大人は20ポコを目安に減らす、としてください。余裕のあるひとなら30ポコぐらいは軽いかもしれません。

自分が楽しいエコシフトを探す

車に乗るのをやめられないからといって、全然エコシフトできないわけじゃありません。

ガソリン1リットルを燃やすと、23ポコのCO_2が排出されます。そこから計算すると、アイドリング・ストップ五分で1・1ポコ、車をハイブリッドカーに買換えた場合一日あたり22ポコ（標準的な家庭として計算）、車で走る距離を一キロ減らすと2ポコ、減らすことができます。

天気のいい日は、いつも車で行く道を歩いてみようかな、という気になったりするものです。そんなとき、ああ、いま僕は8ポコも減らしている、健康にもいいし、と思いながら歩くのも悪くないものです。

ハイブリッドカーに乗り換えれば、毎日22ポコですから、一人分の目標値ぐらいは車が減らしてくれる計算になります。

車と公共交通の差は、おおまかに言って、車で行くところをバスで行くと三分の一、車で行くところを電車で行くと九分の一になります。

人間は多様です。立場もライフスタイルも仕事も家族構成も興味の対象もさまざま。でもどんな人にもエコシフトはできます。ポイントは、自分ならどんなエコシフトがやりやすいのか、楽しめるのか、見当をつけることです。

エコというと、禁欲的、統制的、説教的なイメージをもつ人が多いのですが、禁欲的で

何ポコ減らせる？

○車・交通手段	ポコ(poco)
アイドリングストップを５分する	１回/1.1
車で走る距離を１km減らす	１回/2.0
車をハイブリッドカーにする	１日/22.0
○ゴミ・リサイクル	
レジ袋１枚（10g）もらうのをやめる	１回/0.6
アルミ缶を１本リサイクルする	１回/2.0
ペットボトルを１本リサイクルする	１回/1.0
牛乳パックを１本リサイクルする	１回/2.0
○冷暖房機器	
エアコン冷房の設定温度を27℃から28℃にする	１日/0.5
エアコン冷房（設定温度28℃）を１時間短縮する	１日/0.9
エアコン暖房の設定温度を21℃から20℃にする	１日/1.5
エアコン暖房（設定温度20℃）を１時間短縮する	１日/1.1
電気カーペットの設定温度を「強」から「中」にする	１日/4.0
電気コタツの設定温度を「強」から「中」にする	１日/1.0
○家電機器	
電気製品を長時間使わないときプラグを抜く	１日/2.4
冷蔵庫の設定温度を冬場「強」から「中」にする	１日/1.6
冷蔵庫の詰め込みすぎをやめる	１日/0.7
冷蔵庫のムダな開閉をやめる	１日/0.2
冷蔵庫を開けている時間を短くする	１日/0.2
冷蔵庫を壁から適切に離す	１日/0.5
温水便座のふたを閉める	１日/1.0
温水便座の設定温度をこまめに低設定する	１日/0.4
○その他	
なべ底から炎がはみ出ないようにする	１日/0.1
お風呂の残り湯を洗濯に使う	１日/0.5
シャワーを１分間短縮する	１日/0.6

説教臭い人を見ても、人は真似しようと思いません。ましてやそっちのほうへ行きたいと思わないし、仲間になりたいとも思わない。なんか大変そうだなあ、と思って終わりです。どんなに魅力的な話をされても、引きずり込まれまいとして、必死に断ったりして。先入観で判断しているのです。それが、エコが広がらない、続かない原因のひとつになっています。

ファッションやアートやビジネスには、人間が好きな「消費」や「人生謳歌」のイメージがあり、「禁欲」とは好対照です、続けられたり、ますます楽しくなったりするほうへ、自分をキャスティングするのが持続可能なこと。それは自己増殖すること、と言ってもいいかもしれません。

社長さんへ

会社の経営者の皆さんへ。あなたの会社の業務内容でエコシフトできるところはないかと探してください。物流を見直して効率化するとコストも削減、CO_2も削減。多くの会社で、システムを組むのにコストがかかるので、つい後手に回してしまう例が見受けられます。

詳しくない人が自分でやろうとするとロスが大きくなります。持続可能な経営を指南してくれるサステナブル・コンサルタントに相談して、見合うコストでシステムを考えてもらうのもいいかもしれません。知らないことを自分でやったり、若い人にできるだろうと押しつけたりすると大きなロスが生じます。知らないことは知っている人に聞くのが、いちばんロスが省ける方法です。楽だし、無駄は減るし、経費削減、CO_2削減。社員もお客さんも地球もよろこびます。

物流には、グリーン物流というめじるしがあり、経産省が旗を振っています。事業主が物流をグリーン物流に変えるだけで、エコシフトは進みます(http://www.greenpartnership.jp)。

食べることが好きなひとへ

先ほどの表を見ると、意外と家電のポコ数が少ないと思いませんか。あと何が減らせるか、ヒントは食べ物と買い物とゴミです。

輸入品は石油燃料を使って運ばれてきますから、運ばれる距離、フードマイレージの少ない食品を選ぶのがエコシフトになります。農薬をまかない、たくさん使わない、オーガニック、有機食材を買うこともエコシフトです。なるべく家で作るのがいいのですが(外食には輸入食材が使われていることが多いので)、いそがしくて、そんなの無理という方も多いでしょうから、そういうときはできるだけ「有機野菜」と書かれたメニューを選ん

フードマイレージ			
食品	分量	ポコ (poco)	国内生産地と海外生産地の東京までの移動距離の差(km)
食パン	1斤	1.10	9496 (北海道、米国)
パスタ	1人分	0.49	16027 (北海道、イタリア)
豚肉	100g	0.75	11342 (鹿児島県、米国)
牛肉	100g	0.23	8892 (鹿児島県、オーストラリア)
アジ干物	1枚	0.72	22307 (長崎県、オランダ)
ソーセージ	5本	0.89	12192 (茨城県、米国)
ハム	2枚	0.35	12192 (茨城県、米国)
シャケ	1切	0.42	15340 (北海道、チリ)
サンマ	1尾	0.06	1135 (北海道、台湾)
マグロ	1さく(200g)	0.33	2127 (宮城県、台湾)
ウナギ	1串	2.99	1480 (鹿児島県、台湾)
イカ	1杯	0.24	1118 (青森県、中国)
タコ	1匹	1.28	20297 (北海道、モーリタニア)
みそ	1パック(500g)	2.71	10098 (北海道、米国)
ジャガイモ	1個	0.71	9096 (北海道、米国)
キュウリ	1本	0.17	1220 (群馬県、韓国)
トマト	1個	0.31	1245 (千葉県、韓国)
キャベツ	1個	2.80	2103 (愛知県、中国)
ホウレンソウ	1束	0.79	2280 (千葉県、中国)
ネギ	1本	0.22	2040 (千葉県、中国)
シイタケ	10個	0.28	1995 (群馬県、中国)
トウモロコシ	1本	1.77	9521 (北海道、米国
リンゴ	1個	0.83	9270 (青森県、米国)
オレンジ	1個	0.70	8257 (熊本県、米国)
キウイフルーツ	1個	0.26	8365 (愛媛県、ニュージーランド)
ワイン	1本	3.16	9376 (山梨県、米国)

※もともと「フードマイレージ」は輸入食糧の総重量と輸送距離を掛け合わせた単位ですが、ここでは一歩進め、食材の輸送時の排出CO_2量の輸入と国産の差を算出してあります。輸送時の排出CO_2は、食材ひとつひとつの主要産地（もっとも多い量を日本に輸出している産地）と輸送手段（船か飛行機か）を調べ、距離と使用燃料量をかけて計算しました（主要産地からその国の主要港または主要空港まではトラック使用として計算）。

でください。居酒屋ではワタミ・グループが有機野菜とゴミの分別でがんばっています。

もしそんなレストラン知らない、ということでしたら、いきつけのお店に「有機野菜とか使わないの?」とさりげなく質問してみることをおすすめします。そのときは、業者さんがもってこない、高い、売っていない、扱っているのを見たことない、そんなこと気にしていたら作れない、と言われるかもしれませんが、もう業務用のオーガニック食材を扱うデリバリー・サービスも始まっています。

感度のいいレストラン・オーナーなら、お客さんから言われることが重なると、やっぱりそういう時代なのかな、と考えはじめるものです。もし、もう使っているよ、ということなら「それは書いたほうがいいよ!」と励ましてあげてください。それを見て、知らなかったお客さんが知ることになるのですから。

大地を守る会は、オーガニック宅配のパイオニアです。関東を中心に活動していますが、全国へは宅配便で送れます。ほかにも少し内容は変わりますが、「らでぃっしゅぼーや」やオイシックスもあります。宅配が受け取れないという人は、街の自然食品屋さんをおすすめします。F&F、ナチュラルハウスなどなど、自然食品店もふえています。

牛を育てるのには、エネルギーや水などの資源をたくさん使います。肉ばっかり食べているけれど減らそうと思えば減らせるという人は、健康のためにも、肉から野菜と穀物へ、エコシフトしてください。まったく食べてはいけない、というわけではないですよ。楽しい範囲、無理なくできる範囲でお願いします。

いま地球上では、飢えが原因で人が死んでいます。貧困が解消されれば死なずにすんだ五歳未満の命が、三秒にひとり失われています。エイズと栄養失調が大きな理由です。でも、食べ物が足りていないわけではないのです。食べ物のあるところとないところが片寄っているから、そういうことが起きているのです。

その観点からも、自分が捨てる食べ残しを減らしたり、無駄をやめたりしながら、いっぽうで、片寄りをなくすために国際協力NGOの会員になったり、貧困を解消するため政策変更のサイバー署名をしたりするのは有効です。

お金を使うのが好きなひとへ

大量消費社会は環境破壊の元凶ですが、買うものをちょっと工夫することでエコシフトはできます。NGOへの会費も、これからのエコシフト世代にとってはお買いものの一品目。教養ある大人なら誰でも、ひとりふたつぐらいのNGOをサポートしていてもらいたいものです。

電化製品を省エネタイプのものに買い替えるのもエコシフトです。買い替えるお金がないよ、というひとは、未来バンク事業組合という、非営利の銀行＝金融ＮＰＯへ融資の申し込みや相談をすることをおすすめします（http://homepage3.nifty.com/miraibank）。

お金を預ける銀行にも、エコな銀行とそうでない銀行があります。銀行は集めたお金を融資していますが、その融資先がエコかそうでないかを知ることができ、そこから、どの銀行がよりエコかを知ることができます。お金を預けるのなら、よりエコな銀行へ。これもエコシフトには有効です。「エコ貯金」をすすめるＡ ＳＥＥＤ ＪＡＰＡＮでは、情報の提供をしています（http://www.aseed.org/ecocho）。

株をやるひとには、ＳＲＩ（Social Responsible Investment：社会責任投資）ファンドがありますし、資本投資家のみなさんには、環境事業への投資をおすすめします。なんといっても、ここを乗り越えなければ人類の未来はないのですから、かならずリターンがあると言っていい事業です。特に、自然エネルギー関係、エコタウン関係への投資を考えてください。

投資や株市場こそが環境を破壊しているのだ、という意見があります。それはそうかもしれませんが、金融をなくすためにエネルギーを使うより、金融をエコシフトさせるほうへエネルギーを使ったほうが、生産的だと思います。何が金融にとってエコシフトなのか。トービン税（国際為替取引への課税）の導入が一番かもしれませんが、金融業界にいる方はぜひご意見ください。

あとがき　日本が世界のエコシフトをリードする日

今年（二〇〇六）の二月に訪れたヨーロッパでは、みんなが口々に「オーガニック・フードはやっと安くなった。これまではお金持ちしか買えなかったけれど、いまは特にお金持ちでない人でも有機食材が買える。二、三年前に、大きくて品揃えも豊富なオーガニック・スーパーマーケットができたから」と言っていました。

これにくらべれば、宅配に加え、普通のスーパーでも有機食材のコーナーができている日本はすすんでいるんだ、とはじめて知りました。値段の格差もかなり少なくなってきました。

日本のエコシフトは、思っていたよりも速いスピードですすんでいます。世界のエコシフトをリードする日も近いかもしれません。それでも、世界は問題だらけです。日本はたくさんの資源を使っている国ですから、率先して取り組む責任があるのではないでしょうか。日本に期待してくれている人がいるうちに、責任を果たしていきたいものです。

政治をきれいに楽しめるようになることが大事です。どうも、責任感はあるのだけれど、いまある政治が嫌だからといって逃げている人が多いような気がします。ほとぼりを冷まそうとして、ほっておいても状況は悪化するだけではないでしょうか。

政治は嫌だからといって、お休みできるものではありません。政治をお休みすると、それはほかの人への委任になって、そしてそれはたいてい一番嫌な人への委任になってしまい、ますます嫌だなあという方向へひっぱられていきます。それはもうその時点で「裏切られても文句が言えない」ということになります。サボタージュやボイコットのつもりが、自分の意思とはまったくうらはらに、利用されてしまうのです。

政治にストライキはききませんし、能動的に、積極的に、変えるしか方法がありません。だったら逃げることをあきらめて、もっと政治を魅力的に、きれいに、楽しめるようにしたほうがよさそうです。

世界が日本に期待しています。日本には「環境の才能」があり、経済大国でもあり、虫の声を、雑音ではなく「声」として聞くことができ、たくさんの緑色を見分けられる人がいっぱいいて、ほかの先進国よりは奴隷の歴史が少なく、先進国のなかで唯一、平和憲法を持っている国だから。国内ではあまり語られませんが、世界には日本人のことを、平和憲法の国から来た人、と見る人もいるそうです。

最後になりましたが、この本は、たくさんのNGOの方たち、活動家の方たち、支援者の方たち、アーティストの方たちに助けられ、励まされて生まれました。ご恩は一生忘れません。編集をしてくださった菅付雅信さんと講談社の川治豊成さんのお力なくしては、世に出ませんでした。どうもありがとうございました。休日に遊べなくてつまらなくても、あまり文句を言わずママを執筆に専念させてくれた未来と存にもお礼を言います。遠くから家事を手伝いに来てくれた母と父、ダンナの内田現、なんだかんだ言いながらも子どもたちの面倒を見てくれたダンナのお母さんのしずえさんにも心からお礼を言います。どうもありがとうございました。

この本が、人類の未来を作るみんなの活動に少しでも役立って、世界のエコシフトのためのリアルな力となりますように。

二〇〇六年十月

マエキタミヤコ

環境事業などへ低利で融資を行う市民の金融NGO
未来バンク事業組合　http://homepage3.nifty.com/miraibank/

エネルギー問題全般、特に持続可能な新エネルギーにくわしい
環境エネルギー政策研究所　http://www.isep.or.jp/

平和活動家きくちゆみさんの
グローバルピースキャンペーン
http://kikuchiyumi.blogspot.com/　http://globalpeace.jp

人と世界がつながりあう社会をデザインするプロジェクト
シンクジアース　http://www.thinktheearth.net/jp/

世界のファッション界が注目、日本発NGOフェアトレードブランド
ピープル・ツリー　http://www.peopletree.co.jp/

日本初の社会的責任投資エコファンドを企画・販売
グッドバンカー　http://www.goodbankers.co.jp/

エコ建築といえば
オーガニックテーブル　http://www.at8.co.jp/ot/

経堂の杜というコーポラティブハウスで広く知られる
チームネット　http://www.teamnet.co.jp/teamnet/

持続可能な社会を達成するための教育とコンサルティングの会社
ワン・ワールド　http://www4.famille.ne.jp/~oneworld/

持続可能な発展のための経営変革と事業革新を支援する会社
イースクエア　http://www.e-squareinc.com/

持続可能な社会実現への企業努力を支援するコンサルティング企業
エゼルコンセプト　http://www.ezer.co.jp

環境家計簿に記入することでCO_2を削減する
ストップ・ザ・温暖化キャンペーン　http://www.stop-ondanka.com/

CO_2削減の宣言をすると木がもらえる
CO_2ダイエット宣言　http://www.co2diet.jp/

環境起業家を育てる
スロービジネススクール　http://www.windfarm.co.jp/sbs/

ホームページが人気の
フードマイレージ・キャンペーン
http://www.food-mileage.com/

カナダ発グローバリゼーションへの警鐘を鳴らす隔月刊誌
アドバスターズ　http://adbusters.cool.ne.jp/

環境哲学者の良識が結集したイギリスの隔月刊誌
リサージェンス　http://www.resurgence.org/

CO_2削減に関する情報全般を発信
地球温暖化防止活動推進センター　http://www.jccca.org/index.php

カナダの人気ジャーナリスト、デヴィッド・スズキの環境NGO
デヴィッド・スズキ・ファンデーション　http://www.davidsuzuki.org

環境の基礎データがいろいろ
日本生活協同組合連合会の環境の資料室
http://www.jccu.coop/eco/siryo/index.html

電気を使わない冷蔵庫などユニークな非電化製品を発明・販売
非電化工房　http://www.hidenka.net/index.htm

ガラスびんのリターナブルを実現
びん再使用ネットワーク　http://www.binnet.org

2014年回収率80％以上をめざす
ペットボトルリサイクル推進協議会　http://www.petbottle-rec.gr.jp

国境を越える人道援助医療NGO
国境なき医師団　http://www.msf.or.jp/

貧困のない世界をつくる国際協力NGO
オックスファム・ジャパン　http://www.oxfam.jp/

アフリカの人たちの自立を助けるNGO
アフリカ・日本協議会　http://www.ajf.gr.jp/

児童労働を考えるNGO
ACE　http://acejapan.org/

貧困、飢餓、災害、紛争に苦しむ子どもたちを支援するNGO
ワールド・ビジョン・ジャパン　http://www.worldvision.jp/

南アジアの人の生活向上意欲を支える国際援助NGO
シャプラニール＝市民による海外協力の会　http://www.shaplaneer.org

人権を守り高い信頼と影響力を持つNGO
アムネスティ・インターナショナル　http://www.amnesty.or.jp

日本でボランティアという概念を広めた功績は大きい
アガペハウス　http://www.jhelp.com

女性をエンパワーする（弱き者の奪われた力を取り戻す）NGO
YWCA（日本キリスト教女子青年会）　http://www.ywca.or.jp/

政策を提言する変革者のネットワーク
構想日本　http://www.kosonippon.org/

日本の森を再び野性動物の棲める森にしたい
アファンの森財団　http://www.afan.or.jp/

環境に関する情報全般
環境goo
http://www.eco.goo.ne.jp/
https://goo.e-srvc.com/cgi-bin/goo.cfg/php/enduser/ask.php

夏フェスのごみゼロナビゲーションでおなじみの国際青年環境NGO
A SEED JAPAN　http://www.aseed.org/

歴史は浅くても活動は活発
ネットワーク『地球村』　http://www.chikyumura.org/

温暖化とCO_2に関する情報と市民活動をネットワークするNGO
気候ネットワーク　http://www.kikonet.org/

浴衣で水を撒く姿がおなじみ
打ち水大作戦　http://www.uchimizu.jp/

渋谷の街の地域通貨
アースデイマネー・アソシエーション
http://www.earthdaymoney.org

オルタナティブ・ニュースをインターネット新聞で発信するNGO
JANJAN（ジャンジャン）　http://www.janjan.jp/

「食べるな、危険！」でおなじみ
食品と暮らしの安全（旧日本子孫基金）　http://www.tabemono.info/

原子力に関連する信頼性の高いデータを情報開示するNGO
原子力資料情報室　http://cnic.jp/

青森六ヶ所村の核燃料サイクル施設のリスク啓発キャンペーン
STOP ROKKASHO　http://stop-rokkasho.jp

アジア・中東・アフリカで活動する国際協力NGO
日本国際ボランティアセンター　http://www.NGO-jvc.net

日本の国際協力NGOのリーダーが集まって設立したNGO
国際協力NGOセンター　http://www.janic.org

世界中の貧困問題を根本から解決しようと取り組むNGO
ほっとけない世界のまずしさ　http://hottokenai.jp/

エコシフトなNGOリスト

生態系を守るアドボカシー力に優れた自然保護NGO
日本自然保護協会　http://www.nacsj.or.jp

野鳥の保護を通じて環境を守るNGO
日本野鳥の会　http://www.wbsj.org

パンダマークでおなじみ自然保護NGO
WWFジャパン　http://www.wwf.or.jp

話題がたえないユニークな着眼点の環境保護NGO
グリーンピース・ジャパン　http://www.greenpeace.or.jp

地球環境と人々の暮らしを守る国際環境NGO
FoE Japan　http://www.foejapan.org

ベンチャー起業家も育てる文化的行動派環境NGO
ナマケモノ倶楽部　http://www.sloth.gr.jp

日本の環境情報を世界に発信するNGO
ジャパン・フォー・サステナビリティ
http://www.japanfs.org　http://www.es-inc.jp/

おいしい有機食材が買えるNGOで企業でもある
大地を守る会　http://www.daichi.or.jp

地球一周の旅を運営する事業型NGO
ピースボート　http://www.peaceboat.org/index_j.html

世界に広がる環境文化運動
100万人のキャンドルナイト　http://www.candle-night.org

サステナブルな社会のためのコミュニケーションを作るNGO
サステナ　http://www.sustena.org/

アモンド/著、草思社
『フラット化する世界』(上・下) トーマス・フリードマン/著、日本経済新聞社
『お笑い大蔵省極秘情報』テリー伊藤/著、飛鳥新社
『武装解除——紛争屋が見た世界』伊勢﨑賢治/著、講談社現代新書
『憲法なんて知らないよ——というキミのための「日本の憲法」』池澤夏樹/著、ホーム社

『ダイコン一本からの革命――環境NGOが歩んだ30年』藤田和芳/著、工作舎

○広告とコミュニケーションについて学ぶ本

『業界まる見え読本1　コピーライターの実際』仲畑貴志/著、ベストセラーズ
『アカウント・プランニングが広告を変える』ジョン・スティール/著、ダイヤモンド社
『広告は私たちに微笑みかける死体』オリビエーロ・トスカーニ/著、紀伊國屋書店
『広告の迷走――企業価値を高める広告クリエイティブを求めて』梶祐輔/著、宣伝会議
『環境・福祉グラフィックス』ピエブックス
『パワー・ブランドの本質』片平秀貴/著、ダイヤモンド社
『さよなら、消費社会――カルチャー・ジャマーの挑戦』カレ・ラースン/著、大月書店
『Design Anarchy』Kalle Lasn/著、Adbuster Media

○環境とジャーナリズムの雑誌

『ecocolo』エスプレ
『ソトコト』木楽舎
『Adbusters』 Media Foundation
『Resurgence』
『Mother Jones』

○その他、オルタナティブなものに触れられる本

『悲しき熱帯』(上・下) レヴィ＝ストロース/著、中央公論新社
『人間を幸福にしない日本というシステム』カレル・ヴァン・ウォルフレン/著、新潮OH！文庫
『銃・病原菌・鉄――一万三〇〇〇年にわたる人類史の謎』(上・下) ジャレド・ダイアモンド/著、草思社
『文明崩壊――滅亡と存続の命運を分けるもの』(上・下) ジャレド・ダイ

『不平等の経済学』アマルティア・セン/著、東洋経済新報社
『世界ブランド企業黒書——人と地球を食い物にする多国籍企業』クラウス・ベルナー、ハンス・バイス/著、明石書店
『ブランドなんか、いらない——搾取で巨大化する大企業の非情』ナオミ・クライン/著、はまの出版

○貧困について学ぶ本

『貧困の終焉——2025年までに世界を変える』ジェフリー・サックス/著、早川書房
『経済成長がなければ私たちは豊かになれないのだろうか』C・ダグラス・ラミス/著、平凡社
『まんがで学ぶ開発教育　世界と地球の困った現実—— 飢餓・貧困・環境破壊』日本国際飢餓対策機構/編、明石書店
『コーヒー危機——作られる貧困』オックスファム・インターナショナル/著、筑波書房

○市民活動とライフスタイルについて学ぶ本

『スロー・イズ・ビューティフル——遅さとしての文化』辻信一/著、平凡社
『ハチドリのひとしずく——いま、私にできること』辻信一/監修、光文社
『100万人のキャンドルナイト』ブルー・オレンジ・スタジアム/編、アーティストハウス
『でんきを消して、スローな夜を。——100万人のキャンドルナイト』マエキタミヤコ/監修、マキノ出版
『エコロジカル・フットプリントの活用——地球１コ分の暮らしへ』ニッキー・チェンバース他/著、インターシフト
『買ってはいけない』『週刊金曜日』編集部/編、金曜日
『食べるな、危険！』日本子孫基金/著、講談社
『１秒の世界』山本良一、Think the Earth Project/編、ダイヤモンド社
『犬と鬼——知られざる日本の肖像』アレックス・カー/著、講談社
『[自然農法] わら一本の革命』福岡正信/著、春秋社
『世界が認めた和食の知恵——マクロビオティック物語』持田鋼一郎/著、新潮新書

エコシフトのためのブックガイド

以下に挙げた本は、この本を書くにあたって参考にしたものです。みなさんがこの本を読んでもっと知りたいジャンルがあったら、ぜひ読んでみてください（どれも名著です)。

◯環境問題の基本を学ぶ本

『沈黙の春』レイチェル・カーソン/著、新潮文庫
『成長の限界——ローマ・クラブ「人類の危機」レポート』ドネラ・H・メドウズ他/著、ダイヤモンド社
『複合汚染』有吉佐和子/著、新潮文庫
『奪われし未来』シーア・コルボーン他/著、翔泳社
『生命潮流』ライアル・ワトソン/著、工作舎
『Our Common Future』World Commission On Environment and Development/著、Oxford University Press
『世界がもし100人の村だったら』池田香代子/再話、マガジンハウス
『世界がもし100人の村だったら——3たべもの編』池田香代子、マガジンハウス/編、マガジンハウス
『あなたが世界を変える日——12歳の少女が環境サミットで語った伝説のスピーチ』セヴァン・カリス＝スズキ/著、学陽書房
『地球では1秒間にサッカー場1面分の緑が消えている』田中章義/編著、マガジンハウス
『がんばっている日本を世界はまだ知らない』(Vol.1,Vol.2) 枝廣淳子他/著、海象社

◯環境と経済の関係について学ぶ本

『道徳感情論』アダム・スミス/著、岩波文庫
『スモール イズ ビューティフル——人間中心の経済学』E・F・シューマッハー/著、講談社学術文庫
『サステナビリティ革命』ポール・ホーケン/著、ジャパンタイムズ
『自然資本の経済——「成長の限界」を突破する新産業革命』ポール・ホーケン他/著、日本経済新聞社

講談社現代新書　1868

エコシフト――チャーミングに世界《せかい》を変《か》える方法《ほうほう》

二〇〇六年一一月二〇日第一刷発行

著　者　マエキタミヤコ

発行者　野間佐和子

発行所　株式会社講談社

東京都文京区音羽二丁目一二―二一　郵便番号一一二―八〇〇一

電　話　出版部　〇三―五三九五―三五二一
販売部　〇三―五三九五―五八一七
業務部　〇三―五三九五―三六一五

装幀者　中島英樹

印刷所　大日本印刷株式会社

製本所　株式会社大進堂

定価はカバーに表示してあります　Printed in Japan

N.D.C.519　254p　18cm
ISBN4-06-149868-1

「講談社現代新書」の刊行にあたって

教養は万人が身をもって養い創造すべきものであって、一部の専門家の占有物として、ただ一方的に人々の手もとに配布され伝達されうるものではありません。

しかし、不幸にしてわが国の現状では、教養の重要な養いとなるべき書物は、ほとんど講壇からの天下りや単なる解説に終始し、知識技術を真剣に希求する青少年・学生・一般民衆の根本的な疑問や興味は、けっして十分に答えられ、解きほぐされ、手引きされることがありません。万人の内奥から発した真正の教養への芽ばえが、こうして放置され、むなしく滅びさる運命にゆだねられているのです。

このことは、中・高校だけで教育をおわる人々の成長をはばんでいるだけでなく、大学に進んだり、インテリと目されたりする人々の精神力の健康さえもむしばみ、わが国の文化の実質をまことに脆弱なものにしています。単なる博識以上の根強い思索力・判断力、および確かな技術にささえられた教養を必要とする日本の将来にとって、これは真剣に憂慮されなければならない事態であるといわなければなりません。

わたしたちの「講談社現代新書」は、この事態の克服を意図して計画されたものです。これによってわたしたちは、講壇からの天下りでもなく、単なる解説書でもない、もっぱら万人の魂に生ずる初発的かつ根本的な問題をとらえ、掘り起こし、手引きし、しかも最新の知識への展望を万人に確立させる書物を、新しく世の中に送り出したいと念願しています。

わたしたちは、創業以来民衆を対象とする啓蒙の仕事に専心してきた講談社にとって、これこそもっともふさわしい課題であり、伝統ある出版社としての義務でもあると考えているのです。

一九六四年四月　野間省一